B.I.-Hochschultaschenbücher
Band 93

Ingenieur-Mathematik V

Komplexe Veränderliche

von
Detlef Laugwitz
o. Prof. an der Technischen Hochschule Darmstadt

Bibliographisches Institut Mannheim/Wien/Zürich
B. I.-Wissenschaftsverlag

Druck und Bindearbeit: Verlag Anton Hain, Meisenheim/Glan
Printed in Germany
ISBN 3-411-00093-7
D

VORWORT

Die Erweiterung der Differential- und Integralrechnung auf Funktionen mit komplexen Variablen ist eigentlich schon in der Algebra, erst recht aber in der Analysis nahegelegt worden; man denke nur an die Polynome und die Potenzreihen, bei denen die Beschränkung auf reelle Variable künstlich hätte erscheinen müssen und auch nur in einer veralteten Systematik ihren Grund finden könnte. So erscheint die Untersuchung komplexer Variabler, im älteren Sprachgebrauch Funktionentheorie genannt, als eine natürliche Vollendung der Analysis. Darin liegt zunächst einmal die zentrale Rolle der in diesem Band behandelten Gegenstände für den mathematischen Aufbau begründet.

Daß die komplexen Variablen außerdem auch noch von den Anwendungen her unumgängliches Werkzeug liefern, mag den Mathematiker besonders freuen. Daß mathematische Verallgemeinerung nicht neue Komplikation, sondern sogar Vereinfachung bringen kann, ist in der Tat von grundsätzlicher Bedeutung. Der Leser wird aus den Anwendungsgebieten aber auch schon wissen, daß Funktionen komplexer Veränderlicher in der Physik und Technik nicht nur nützlich, sondern sogar unvermeidbar sind.

An unseren Hochschulen geht man immer mehr dazu über, den Bestand der komplexen Funktionentheorie in die Grundvorlesungen für die Studierenden technischer Fachrichtungen aufzunehmen. Der vorliegende Band ist aus solchen Vorlesungen entstanden. Für speziellere Interessen pflegt man eine „Höhere Funktionentheorie“ anzuschließen. Es war nicht leicht, die Grenze zwischen dem allgemein interessierenden Teil der Funktionentheorie und den spezielleren Ausgestaltungen zu ziehen. Der Verfasser möchte Herrn Dr. O. Mittelstaedt und seinen Mitarbeitern vom Verlag, mit denen zusammenzuarbeiten eine Freude ist, dafür danken, daß sie dieses Problem dadurch erleichtert haben, daß sie sich bereit fanden, die Reihe Ingenieurmathematik durch einen sechsten Band zu ergänzen. So habe ich mich entschlossen, in dem vorliegenden Band die Grundlagen der Funktionen komplexer Variabler so zu entwickeln, wie sie für Studierende der verschiedensten Fachrichtungen von Interesse ist. Anwendungsbeispiele erscheinen dabei nur zum Zwecke der Motivation und Illustration der Mathematik. Das entspricht auch dem Verfahren, das sich in den letzten Jahren für die Vorlesungen eingebürgert hat; in der Mechanik, der Physik, der Elektrotechnik, der Strömungslehre und anderen Gebieten werden funktionentheoretische Methoden jetzt schon in Vorlesungen für jüngere Semester verwendet, so daß in den Mathematikvorlesungen der mathematische Gehalt um so deutlicher herausgearbeitet werden kann. Das bedeutet natürlich nicht, daß der Bezug zu den Anwendungen in den mathematischen Vorlesungen fehlen dürfte. Doch kann das größere Gewicht nunmehr auf die mathematischen Entwicklungen gelegt werden.

Beim Vergleich mit anderen Lehrbüchern wird der Leser vielleicht bedauern, daß den speziellen Methoden der konformen Abbildung, den Integraltransformationen, den speziellen Funktionen, hier relativ wenig Raum gewidmet wird. Das ergibt sich aus der soeben erläuterten Neuorientierung, aber auch aus der Möglichkeit, im Band VI solche Spezialitäten ausführlicher darzustellen. Nachdem sich heute für die weitere Entwicklung von Technik und Physik eine tiefere Durchdringung der mathematischen Methoden als nötig erwiesen hat, schien es mir erforderlich, hier erst einmal die systematische Mathematik der komplexen Analysis darzustellen.

Mein Dank gilt außer dem Verlag Bibliographisches Institut besonders meinen Mitarbeitern Dr. E. Heil, Dipl.-Ing. H. Böttcher und cand. math. G. W. Thiel, die mir viele wertvolle Hinweise gegeben haben, mich bei den Korrekturen unterstützt haben bzw. die Reinzeichnung der Figuren bewerkstelligten.

Darmstadt, Sommer 1965 DETLEF LAUGWITZ

INHALTSVERZEICHNIS

Kapitel I

FUNKTIONEN EINER KOMPLEXEN VERÄNDERLICHEN

Aus dem Aufbau der reellen Analysis weiß man, daß die Beschränkung auf reelle Zahlen immer wieder zu Schwierigkeiten führt. So wird man schon in der elementaren Algebra zur Einführung der komplexen Zahlen gezwungen, wenn man der Lösungsformel für die Wurzeln quadratischer Gleichungen allgemeine Gültigkeit verleihen will, und auch bei transzendenten Funktionen führt die Betrachtung komplexer Funktionen oft zu Vereinfachungen. So läßt sich bei den linearen Differentialgleichungen und den Systemen von DGln nicht vermeiden, auch komplexe Eigenwerte zuzulassen, und der Zusammenhang der Exponentialfunktion mit den trigonometrischen Funktionen, der sich im Komplexen mittels der Eulerschen Formel $\exp i\varphi = \cos\varphi + i\sin\varphi$ so einfach herstellen läßt, ist ein Beispiel dafür, wie sich vieles in der Analysis mit Hilfe der komplexen Zahlen durchsichtiger und außerdem auch noch für praktische Zwecke geeigneter darstellen läßt.

Zunächst sind die komplexen Zahlen eingeführt worden, um das Ausziehen von Quadratwurzeln aus negativen Zahlen zu ermöglichen. Man pflegt die Erweiterungen des Zahlbegriffes ja allgemein so aufzufassen, daß neue Zahlen (die negativen Zahlen, die Brüche, die komplexen Zahlen) von den natürlichen Zahlen 1, 2, 3, ... ausgehend definiert werden, sobald die Nichtausführbarkeit von Rechenoperationen im alten Zahlbereich das erfordert. So erzwingt der Wunsch, die Subtraktion natürlicher Zahlen allgemein ausführbar zu machen, die Einführung der Null und der negativen Zahlen. Und die Divisionsmöglichkeit für beliebige ganze Zahlen führt zwangsläufig zu den rationalen Zahlen. Die Operation des Quadratwurzelziehens führt schließlich auf die imaginären und komplexen Zahlen. Man könnte nun vermuten, daß außer dem Subtrahieren, Dividieren und Quadratwurzelziehen noch weitere Umkehroperationen des elementaren Rechnens, wie das Ausziehen von Kubikwurzeln und das Logarithmieren, zu neuen Erweiterungen des Zahlsystems Anlaß geben. Es wird sich nun aber zeigen, daß mit der Einführung der komplexen Zahlen ein gewisser Abschluß des Zahlsystems erreicht ist, in dem Sinne, daß alle Umkehroperationen im Bereich der komplexen Zahlen durchweg ausführbar sind. Dies ist einer der Gründe für die Bedeutung der komplexen Zahlen.

Hinzu kommt, daß die Theorie der Funktionen einer komplexen Veränderlichen in vieler Hinsicht einfacher und eleganter ist als die Theorie der reellen Funktionen. Während nämlich reelle Funktionen einen weitgehend willkürlichen Verlauf haben können, auch wenn sie durch „vernünftige" analytische Ausdrücke dargestellt werden (man denke nur an die Fourierschen Reihen), ergibt sich im Komplexen aus der einfachen Forderung der Differenzierbarkeit, daß die Funktionen lokal (d. h. in der Umgebung jeder Stelle, an der die Funktion differenzierbar ist) durch Potenzreihen darstellbar sind. Und die Potenzreihen sind uns ja bereits aus Band I als die nach den Polynomen einfachste Funktionenklasse bekannt.

Die Verallgemeinerung von Funktionsargumenten und Funktionswerten von reellen auf komplexe Zahlen, die zunächst nur neue Schwierigkeiten mit sich bringen könnte, erweist sich also im Gegenteil als eine Beschränkung auf besonders vernünftige und wichtige Funktionen. Man kann nun umgekehrt fragen, ob durch diese Beschränkung nicht andererseits wichtige Funktionen der Anwendungsgebiete ausgeschlossen werden. Merkwürdigerweise ist das nicht der Fall: Die praktisch wichtigen Funktionen lassen sich durchweg aus der komplexen Funktionentheorie herausholen, ja sogar die verallgemeinerten Funktionen (Distributionen, Kap. VI, Beispiele 6, 7) gestatten Darstellungen als „Randverteilungen" komplex-analytischer Funktionen.

Hinzu kommt noch die direkte Verwendbarkeit der komplexen differenzierbaren (oder „analytischen") Funktionen für viele Probleme der Analysis und ihrer physikalischen, geometrischen und technischen Anwendungsgebiete. Es zeigt sich nämlich, daß diese Funktionen in engem Zusammenhang stehen mit den Lösungen der überaus wichtigen DGl $\Delta u = 0$, der sogenannten Potentialgleichung, und daß sie auch für die Darstellung der konformen Abbildungen entscheidend sind, welche in den verschiedensten Anwendungsgebieten auftreten.

Wir haben hier den in der Mathematik wohl einmaligen Fall vor uns, daß die rein mathematischen Beweggründe (Ermöglichung der Umkehrung elementarer algebraischer Operationen) zu einer Erweiterung der Analysis Anlaß geben, welche in besonders eleganter und geschlossener Form Anwendungen in vielen physikalischen, geometrischen und technischen Gebieten gestattet. Seltsamerweise ist die komplexe Funktionentheorie, kurz Funktionentheorie genannt, erst im 19. Jahrhundert entstanden. Ihre Anfänge liegen im zweiten Jahrzehnt des 19. Jahrhunderts, als Gauß und Cauchy grundlegende Arbeiten veröffentlichten. Um die Mitte des vorigen Jahrhunderts haben dann Riemann von geometrisch beeinflußtem Standpunkt, Weierstraß von mehr analytischem

Standpunkt aus die Theorie der komplexen Funktionen in geschlossener Form begründet. Sie hat seitdem einen Siegeszug durch die Mathematik und ihre Anwendungsgebiete angetreten, der in der Geschichte der Mathematik einmalig ist.

Wir setzen die Grundtatsachen über komplexe Zahlen hier voraus, wie sie in Band I, Kapitel VII, dargestellt worden sind.

Es sei daran erinnert, daß mit der Zahl i mit der Eigenschaft $i^2 = -1$ die komplexen Zahlen $z = x + iy$ (x, y reell, x Realteil, y Imaginärteil) einen Zahlkörper bilden, d. h. daß alle rationalen Rechenoperationen mit Ausnahme der Division durch $0 = 0 + i0$ für die komplexen Zahlen ausführbar sind. Gauß hat (neben anderen Mathematikern, deren Arbeiten aber ohne Einfluß blieben) die uns bekannte geometrische Deutung der komplexen Zahlen durch die Vektoren der Gaußschen Zahlenebene (oder, wenn man will, durch die Endpunkte dieser Vektoren) ausgiebig verwendet. Es sei noch daran erinnert, daß sich Addition und Subtraktion komplexer Zahlen in der Gaußschen Ebene durch die entsprechenden Vektoroperationen darstellen lassen (Figur 1). Für die anschauliche

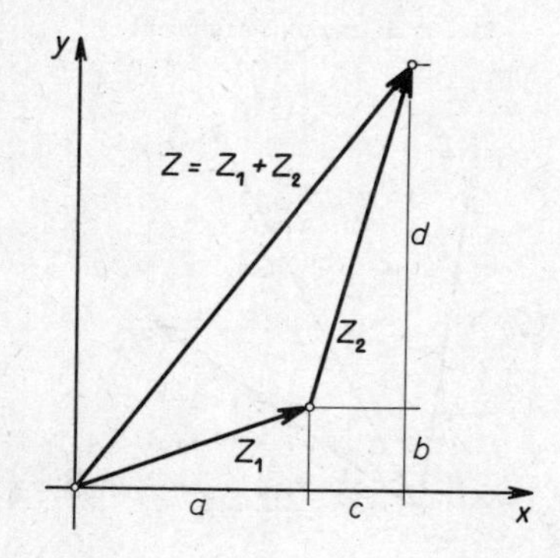

Fig. 1. Addition und Subtraktion komplexer Zahlen

Deutung von Multiplikation und Division zieht man besser die Polarkoordinaten heran: $z = x + iy = r(\cos\varphi + i \cdot \sin\varphi)$. Die Länge r des der Zahl z zugeordneten Vektors heißt auch absoluter Betrag, $r = |z|$, der Winkel φ, der nur bis auf die Addition beliebiger ganzzahliger Vielfacher von 2π bestimmt ist, heißt auch das Argument von z (Figur 2). Bei der Multiplikation zweier komplexer Zahlen addieren sich die Argumente, während sich die Absolutbeträge multiplizieren; Division läuft auf die Division der Absolutbeträge und die Subtraktion der Argumente hinaus (Figur 3). Für all das sei auf Band I, Kapitel VII, verwiesen.

Zu erinnern ist auch noch an die Rechenregeln für den absoluten Betrag:

$$|z_1 z_2| = |z_1| \cdot |z_2|, \qquad |z_1 \pm z_2| \leqq |z_1| + |z_2|.$$

Vor der Untersuchung von Funktionen wird man sich – wie im reellen Bereich – noch Gedanken über Konvergenzfragen bei komplexen Zahlen machen müssen. Wir haben das auch früher schon gelegentlich getan, so

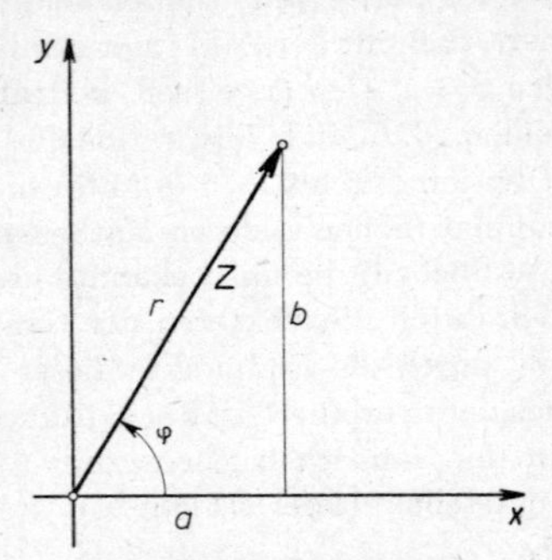

Fig. 2. Betrag und Argument

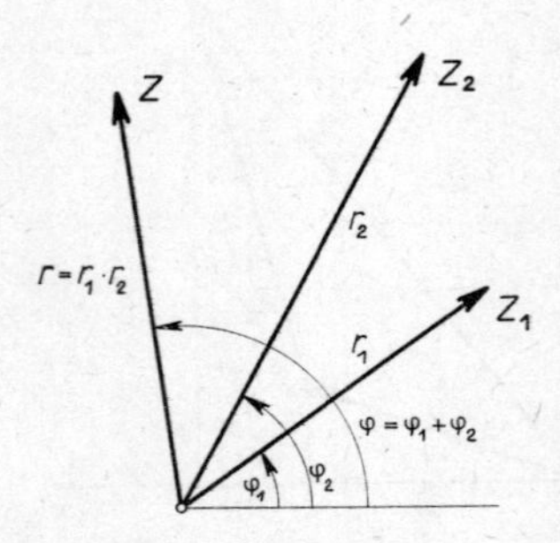

Fig. 3. Multiplikation und Division

bei der Untersuchung der Potenzreihen in Band I, Kapitel XI, wo auch schon Potenzreihen im Komplexen untersucht wurden. Man macht sich zunächst klar, daß bei festem z_0 die Menge aller z mit $|z - z_0| < \varrho$ in der komplexen Zahlenebene durch die offene Kreisscheibe mit Mittelpunkt z_0 und Radius ϱ dargestellt wird, d. h. durch die Punkte der Kreisscheibe ohne ihren Rand. Die Zahlen z mit $|z - z_0| \leqq \varrho$ werden durch die Punkte der abgeschlossenen Kreisscheibe, d. h. der Kreisscheibe mit Rand dargestellt (Figur 4). Eine Folge von komplexen Zahlen z_n heißt nun konvergent gegen die Zahl z_0 oder $\lim z_n = z_0$, wenn $\lim\limits_{n \to \infty} |z_n - z_0| = 0$.

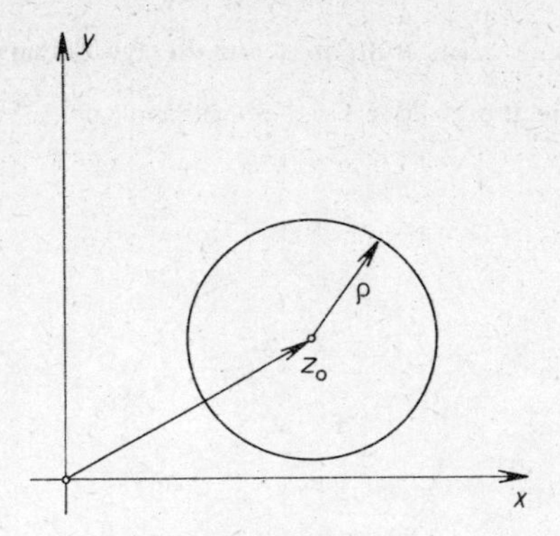

Fig. 4. Zu $|z - z_0| \leqq \varrho$

Das ist eine wirkliche Definition, weil die Konvergenz einer komplexen Zahlfolge durch die Konvergenz der reellen Zahlfolge $|z_n - z_0|$ erklärt wird, und weil die Konvergenz bei reellen Zahlfolgen bereits definiert ist. In der geometrischen Deutung in der Zahlenebene sieht das so aus: Da die Konvergenz der Folge z_n gegen z_0 bedeutet, daß es zu jedem $\varepsilon > 0$ eine Nummer $N(\varepsilon)$ gibt, so daß $|z_n - z_0| < \varepsilon$, wenn nur n größer ist als $N(\varepsilon)$, liegen die zugehörigen Punkte von der Nummer $N(\varepsilon)$ an sicher alle in dem Kreis vom Radius ε um den Punkt z_0. Man sieht durch Projektion dieses Kreises auf die Koordinatenachsen, daß dann auch die Real- und Imaginärteile x_n, y_n von z_n gegen Real- und Imaginärteil x_0, y_0 von z_0 konvergieren, da aus $|z_n - z_0| < \varepsilon$ folgt $|x_n - x_0| < \varepsilon$, $|y_n - y_0| < \varepsilon$, wenn $z_n = x_n + \mathrm{i}y_n$, $z_0 = x_0 + \mathrm{i}y_0$. Umgekehrt: Konvergieren reelle Folgen x_n und y_n beziehungsweise gegen x_0, y_0, so konvergiert $z_n = x_n + \mathrm{i}y_n$ gegen $z_0 = x_0 + \mathrm{i}y_0$. Denn aus der Konvergenz folgt die Existenz eines $N = N(\varepsilon)$, so daß

$$|x_n - x_0| < \frac{\varepsilon}{\sqrt{2}} \quad \text{und} \quad |y_n - y_0| < \frac{\varepsilon}{\sqrt{2}} \quad \text{für} \quad n \geqq N(\varepsilon).$$

Damit erhält man dann

$$|z_n - z_0| = \sqrt{(x_n - x_0)^2 + (y_n - y_0)^2} < \varepsilon \quad \text{für} \quad n \geqq N(\varepsilon).$$

Wir haben also: Eine Folge komplexer Zahlen konvergiert dann und nur dann gegen eine komplexe Zahl, wenn die Folgen der Real- und Imaginärteile je für sich gegen Real- und Imaginärteil des Grenzwerts konvergieren.

Für viele Zwecke ist eine andere geometrische Deutung der komplexen Zahlen üblich, die Riemannsche Zahlenkugel. Man denke sich dazu die

Kugel vom Radius $\frac{1}{2}$ im Nullpunkt auf die x,y-Ebene gelegt (Figur 5) und projiziere die Punkte der Kugeloberfläche vom „Nordpol" (0, 0, 1)

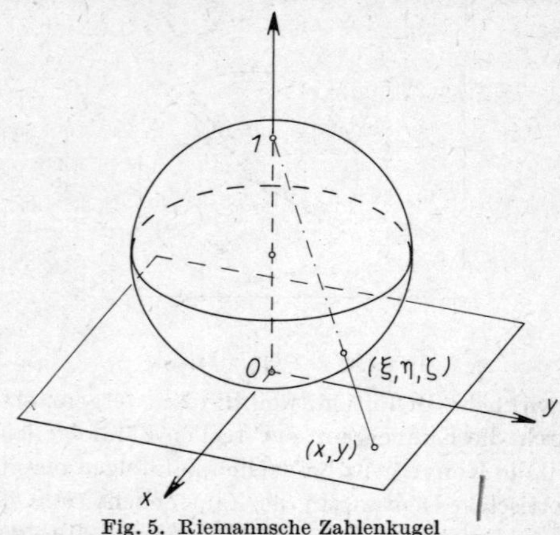

Fig. 5. Riemannsche Zahlenkugel

aus in die x,y-Ebene; man nennt das eine stereographische Projektion. Bezeichnet man mit (ξ, η, ζ) die Koordinaten der Kugelpunkte, mit (x, y) die Koordinaten der Ebenenpunkte, so gelten die Abbildungsgleichungen

$$\xi = \frac{x}{1 + x^2 + y^2} \qquad \eta = \frac{y}{1 + x^2 + y^2} \qquad \zeta = \frac{x^2 + y^2}{1 + x^2 + y^2}$$

Man verifiziert diese Gleichungen leicht; Zunächst gilt

$$\xi^2 + \eta^2 + \left(\zeta - \frac{1}{2}\right)^2 = \frac{1}{4},$$

so daß es sich wirklich um einen Punkt der Kugel handelt. Es bleibt noch zu zeigen, daß die Projektionseigenschaft erfüllt ist, was darauf hinausläuft, daß die drei Punkte $(0, 0, 1)$, (ξ, η, ζ) und $(x, y, 0)$ in einer Geraden liegen; das ergibt sich daraus, daß der Verbindungsvektor der beiden Punkte (ξ, η, ζ), $(0, 0, 1)$

$$(\xi, \eta, \zeta - 1) = \frac{1}{1 + x^2 + y^2}(x, y, -1)$$

und der Verbindungsvektor der beiden Punkte $(x, y, 0)$, $(0, 0, 1)$, d. h.

$$(x, y, -1)$$

zueinander proportional sind.

Man kann also eine komplexe Zahl $z = x + iy$ auch durch den zugehörigen Kugelpunkt (ξ, η, ζ) darstellen. Der Vorteil der Zahlenkugel ist, daß hier nahegelegt wird, dem Nordpol der Kugel einen Punkt ∞ der Ebene zuzuordnen. Es wird sich immer wieder als zweckmäßig erweisen, die komplexe Zahlenebene durch Hinzunahme eines solchen Punktes ∞ abzuschließen. Dies weicht also von Gebrauch etwa der projektiven Geometrie ab, wo eine ganze unendlich ferne Gerade sinnvoll ist. Hier mag als vorläufige Motivierung des einen Punktes ∞ nur angegeben sein, daß dann bei den rationalen Funktionen eine gewisse Symmetrie von Zähler und Nenner in Bezug auf ihre Nullstellen eintritt: In den Nullstellen des Zählers ist der Funktionswert 0, in den Nullstellen des Nenners ist der Funktionswert ∞. Man kann nun auch von einer „Konvergenz gegen ∞" sprechen; wenn eine Punktfolge auf der Kugel gegen den Nordpol konvergiert, so wird man sagen, daß die Bildpunkte in der Zahlenebene gegen ∞ konvergieren. Man kann das offenbar auch schreiben: $z_n \to \infty$, wenn es zu jeder positiven Zahl M eine Nummer $N(M)$ gibt, so daß $|z_n| > M$ für $n \geqq N(M)$, wenn also die Punkte in der komplexen Zahlenebene schließlich außerhalb jedes noch so großen Kreises liegen. Auf die weiteren Anwendungen der Zahlenkugel wird erst später eingegangen werden.

Nach diesen Vorbereitungen kommen wir nun zur Betrachtung von Funktionen einer komplexen Veränderlichen z, wobei wir auch die Funktionswerte w im allgemeinen als komplex voraussetzen wollen:

$$w = f(z);$$

durch eine solche Funktion werden also gewissen komplexen Zahlen z komplexe Zahlen w zugeordnet. Man kann beide Zahlen in Real- und Imaginärteile zerlegen, $z = x + iy$ und $w = u + iv$. Als erstes Beispiel betrachten wir die Funktion

$$w = \frac{1}{z},$$

bei der sich ergibt

$$w = \frac{1}{x + \mathrm{i}\, y} = \frac{x - \mathrm{i}\, y}{(x + \mathrm{i} y)\,(x - \mathrm{i} y)} = \frac{x}{x^2 + y^2} + \mathrm{i}\,\frac{-\,y}{x^2 + y^2}.$$

Hier erscheinen u und v als Funktionen von x und y, und man kann also sagen, daß die komplexe Funktion eine Zusammenfassung von zwei reellen Funktionen der zwei Variablen x, y ist.

Für die anschauliche Deutung der komplexen Funktionen ergibt sich aus der Analogie mit den reellen Funktionen eine Möglichkeit; die anschauliche Deutung einer reellen Funktion $y = f(x)$ durch eine Kurve in der x, y-Ebene allerdings läßt sich nicht hierher verallgemeinern, da man dazu vier reelle Koordinaten x, y, u, v benötigen würde, und also ein vierdimensionaler Raum erforderlich wäre. Aber man kann eine reelle Funktion $y = f(x)$ auch deuten als eine Abbildung von Punkten der x-Achse in die y-Achse (Figur 6). Ähnlich läßt sich nun die komplexe

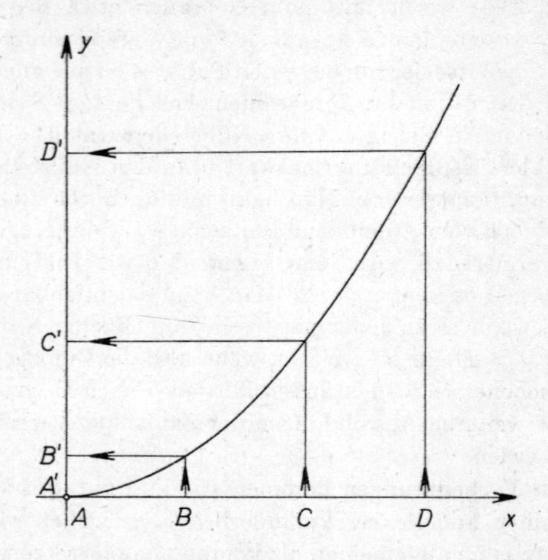

Fig. 6. Reelle Funktion als Abbildung

Funktion $w = f(z)$ deuten als eine Abbildung von Punkten der komplexen z-Ebene in die komplexe w-Ebene. Wir erläutern das wieder am Beispiel der Funktion $w = \frac{1}{z}$. In der Figur 7 sind allerdings in der z-Ebene nicht rechtwinklige x, y-Koordinaten, sondern Polarkoordinaten r, φ zugrundegelegt, in der w-Ebene entsprechend die Polarkoordinaten R, Φ, weil diese Koordinaten dieser speziellen Funktion besser angepaßt sind. Aus dem Punkt $z = r(\cos\varphi + \mathrm{i}\sin\varphi)$ wird

$$W = R(\cos\Phi + \mathrm{i}\sin\Phi) = \frac{1}{z} = \frac{1}{r}\cdot\frac{1}{\cos\varphi + \mathrm{i}\sin\varphi}\cdot\frac{\cos\varphi - \mathrm{i}\sin\varphi}{\cos\varphi - \mathrm{i}\sin\varphi} =$$

$$= \frac{1}{r}(\cos\varphi - \mathrm{i}\sin\varphi) = \frac{1}{r}(\cos(-\varphi) + \mathrm{i}\sin(-\varphi)).$$

Dem Punkt der z-Ebene mit den Koordinaten r, φ wird also derjenige Punkt der w-Ebene zugeordnet, für den $R = \frac{1}{r}$, $\Phi = -\varphi$ ist. Für ein Koordinatenviereck ist das Bildviereck in der Figur angegeben.

Bei der Abbildung werden eine Spiegelung an der reellen Achse ($\Phi = -\varphi$) und eine „Transformation durch reziproke Radien" $\left(R = \frac{1}{r}\right)$ gekoppelt. Deutet man die Abbildung mit Hilfe der Vorstellung der Zahlenkugeln, so entspricht dem Punkt 0 der z-Kugel der Punkt ∞ der

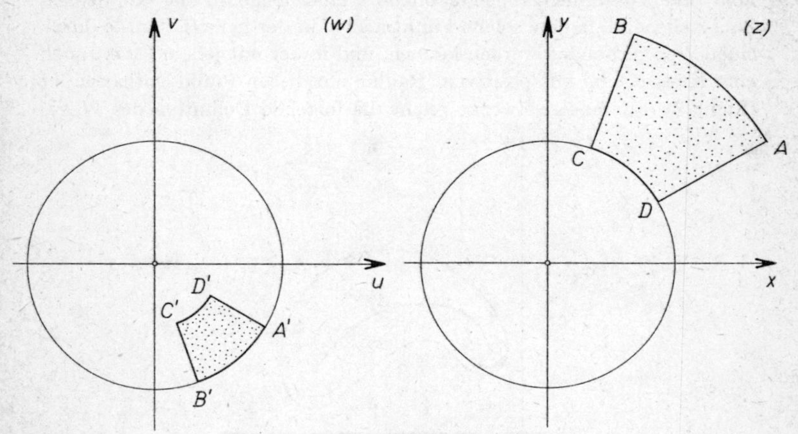

Fig. 7. Die Abbildung $w = 1/z$

w-Kugel und umgekehrt. Doch soll von der Möglichkeit, den Punkt ∞ mit zu betrachten, zunächst kein Gebrauch gemacht werden.

Es sei noch auf das Beispiel 1 am Ende des Kapitels verwiesen, in dem es um die Diskussion der Funktionen $w = z^2$ und $w = \sqrt{z}$ geht.

Wie im reellen Bereich wird man sich für Stetigkeit, Differenzierbarkeit und Integrierbarkeit auch bei komplexen Funktionen interessieren. Hier sei zunächst die Forderung der Stetigkeit untersucht. Man wird – ähnlich wie im Reellen – eine Funktion im Punkte z_0 stetig nennen, wenn sie in z_0 und einer Umgebung von z_0 erklärt ist, und wenn $\lim\limits_{z \to z_0} f(z) = f(z_0)$. Zerlegt man die Funktion $f(z)$ in Real- und Imaginärteil,

$$w = f(z) = u(x, y) + \mathrm{i}\, v(x, y),$$

so ergibt sich als äquivalent zu dieser Definition: Eine Funktion $f(z)$ ist stetig, wenn u und v in den beiden Veränderlichen x, y zusammen stetig sind. Die Äquivalenz der beiden Definitionen folgt aus den Überlegungen über die Konvergenz komplexer Zahlfolgen auf S. 13.

Es folgt dann, ebenfalls wie im Reellen, daß Summe, Differenz und Produkt stetiger Funktionen wieder stetig sind, und daß dasselbe für den Quotienten außerhalb der Nullstellen des Nenners gilt. Da die Funktionen $w = \text{const}$ und $w = z$ stetig sind, wie sofort aus der Definition folgt, ergibt sich die Stetigkeit aller rationalen Funktionen außerhalb der Nullstellen des Nenners.

Man braucht ferner den Begriff des Gebiets. Als ein Gebiet bezeichnet man eine zusammenhängende offene Punktmenge in der komplexen Zahlenebene, d. h. eine solche Punktmenge, in der je zwei Punkte durch einen Weg verbunden werden können, und in der mit jedem Punkt auch eine Kreisscheibe mit positivem Radius um diesen Punkt enthalten ist (Figur 8). Für unsere Zwecke reicht die folgende Definition des Weges

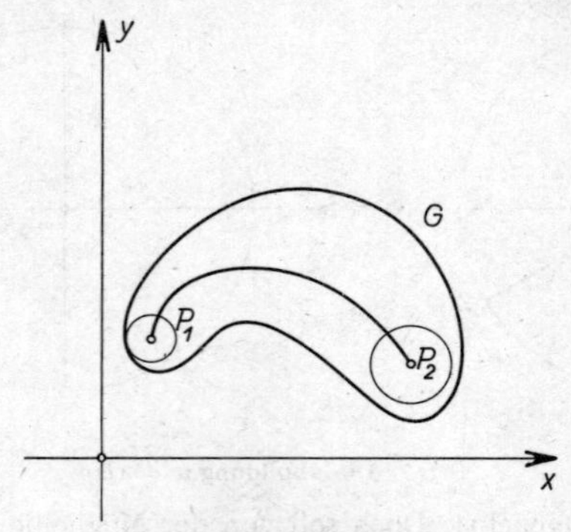

Fig. 8. Zum Gebietsbegriff

aus: Ein Weg ist eine Kurve $(x(t),\ y(t))$, so daß $x(t)$ und $y(t)$ für alle t stetig und mit höchstens endlich vielen Ausnahmen stetig differenzierbar sind. Nach dieser Definition gehören die Randpunkte nicht mit zum Gebiet. Will man sie trotzdem hinzurechnen, so spricht man ausdrücklich von einem abgeschlossenen Gebiet. Die Punktmenge $|z| < r$ ist eine offene Kreisscheibe, sie ist ein Beispiel für ein Gebiet; die Kreisscheibe $|z| \leqq r$ heißt abgeschlossen.

Es ist manchmal auch zweckmäßig, von Gebieten zu sprechen, die den Punkt ∞ enthalten; es sind das einfach solche Punktmengen der Ebene, die sich durch stereographische Projektion aus offenen Mengen der Zahlenkugel ergeben, welche den Nordpol enthalten. Wir wollen aber verabreden: Wenn nicht ausdrücklich etwas anderes gesagt ist, soll ein Gebiet G endlich sein, d. h. in einem hinreichend großen Kreis um den Nullpunkt Platz haben.

Wir wollen gleich noch einige weitere Begriffe festlegen. Eine Kurve (oder ein „Weg") soll einfach geschlossen oder doppelpunktfrei heißen, wenn er sich nicht selbst überschneidet, d. h. wenn die Gleichheit zweier

Punkte $(x(t_1), y(t_1)) = (x(t_2), y(t_2))$ nur für $t_1 = t_2$ eintreten kann, abgesehen von Anfang und Ende des Weges, die zusammenfallen. Bei Gebieten kann es vorkommen, daß „Löcher" auftreten. Falls es keine Löcher gibt, nennt man das Gebiet einfach zusammenhängend, präziser: Ein Gebiet G heißt einfach zusammenhängend, wenn jede einfach geschlossene Kurve in G die Eigenschaft hat, daß alle Innenpunkte der Kurve zu G gehören.

Beispiele und Aufgaben

1. Man diskutiere die durch die folgenden Funktionen vermittelten Abbildungen der z-Ebene in die w-Ebene unter Verwendung von Polarkoordinaten:

a) $$w = z^2$$

b) $$w^2 = z, \quad \text{d. h.} \quad w = z^{\frac{1}{2}}.$$

Anleitung. Man führe wieder Polarkoordinaten $z = r(\cos\varphi + \mathrm{i}\sin\varphi)$ und $w = R(\cos\Phi + \mathrm{i}\sin\Phi)$ in beiden Ebenen ein. Hier schreibt sich die Gleichung $w = z^2$ aus Aufgabe a)

$$R(\cos\Phi + \mathrm{i}\sin\Phi) = r^2(\cos 2\varphi + \mathrm{i}\sin 2\varphi),$$

und man sieht, daß hier die obere z-Halbebene $0 \leqq \varphi < \pi$ bereits die ganze w-Ebene als Bild hat. Die untere z-Halbebene hat noch einmal die ganze w-Ebene als Bild, so daß die w-Ebene durch die Abbildung $w = z^2$ doppelt überdeckt wird (mit Ausnahme des Nullpunkts), wenn die Urbildpunkte die z-Ebene einfach ausfüllen (Figur 9).

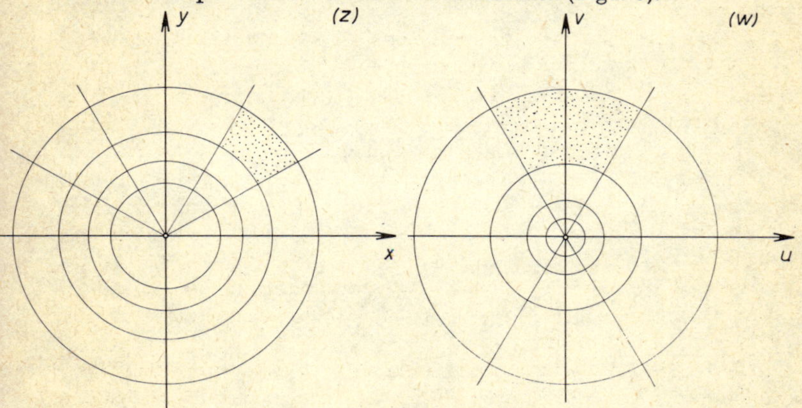

Fig. 9. Zur Abbildung $w = z^2$

Das führt schon zur Lösung der Aufgabe b), bei der z-Ebene und w-Ebene nur ihre Rollen vertauschen. Hier erhält man die Gleichung

$$R^2(\cos 2\,\Phi + i \sin 2\,\Phi) = r(\cos \varphi + i \sin \varphi),$$

so daß jeder Punkt der z-Ebene zwei Bilder hat, falls $z \neq 0$; die zugehörigen Winkel sind $\Phi_1 = \frac{1}{2}\varphi$ und $\Phi_2 = \frac{1}{2}\varphi + \pi$. Für die zugehörigen Werte gilt $w_1 = -w_2$, wie es für die beiden Werte von $\sqrt{z}$ zu erwarten ist.

Kapitel II

DIFFERENTIATION

Die Funktion $w = f(z)$ sei im Gebiet G definiert. Wir nennen sie im Punkte z_0 des Gebietes G differenzierbar, wenn der Differenzenquotient $\frac{f(z) - f(z_0)}{z - z_0}$ ein und demselben Grenzwert zustrebt, wie auch immer z in dem Gebiet G gegen z_0 strebt. Wir nennen diesen Grenzwert dann die Ableitung von $w = f(z)$ an der Stelle z_0, $w' = f'(z_0)$:

$$w' = f'(z_0) = \lim_{z \to z_0} \frac{f(z) - f(z_0)}{z - z_0}. \tag{2.1}$$

Wenn $f(z) = u(x, y) + \mathrm{i}\, v(x, y)$ differenzierbar ist, was wir jetzt voraussetzen wollen, dann muß sich also für beliebige Folgen, die gegen z_0 konvergieren, stets derselbe Grenzwert des Differenzenquotienten ergeben. Wir lassen z zunächst sowohl längs der Parallelen zur reellen Achse durch z_0 als auch längs der Parallelen zur imaginären Achse nach z_0 streben. Im ersten Falle ist

$$z = z_0 + \Delta z = (x_0 + \Delta x) + \mathrm{i}\, y_0,$$

und man erhält für den Differenzenquotienten

$$\frac{f(z) - f(z_0)}{z - z_0} =$$

$$= \frac{u(x_0 + \Delta x, y_0) + \mathrm{i}\, v(x_0 + \Delta x, y_0) - u(x_0, y_0) - \mathrm{i}\, v(x_0, y_0)}{\Delta x} =$$

$$= \frac{u(x_0 + \Delta x, y_0) - u(x_0, y_0)}{\Delta x} + \mathrm{i}\, \frac{v(x_0 + \Delta x, y_0) - v(x_0, y_0)}{\Delta x}.$$

Da der Differenzenquotient nach Voraussetzung einen Grenzwert $f'(z_0)$ hat, haben nach den Überlegungen aus Kapitel I auch die Folgen der Real- und Imaginärteile jeweils für sich Grenzwerte, und diese sind offenbar gleich den partiellen Ableitungen von u und v nach x:

$$f'(z_0) = u_x(x_0, y_0) + \mathrm{i}\, v_x(x_0, y_0). \tag{2.2}$$

Entsprechend gilt bei $z = z_0 + \Delta z = x_0 + \mathrm{i}(y_0 + \Delta y)$

$$\frac{f(z)-f(z_0)}{z-z_0}=\frac{u(x_0,y_0+\Delta y)+i\,v(x_0,y_0+\Delta y)-u(x_0,y_0)-\mathrm{i}\,v(x_0,y_0)}{i\,\Delta y}=$$

$$=\frac{1}{\mathrm{i}}\,\frac{u(x_0,y_0+\Delta y)-u(x_0,y_0)}{\Delta y}+\frac{v(x_0,y_0+\Delta y)-v(x_0,y_0)}{\Delta y},$$

so daß man erhält

$$f'(z_0)=\frac{1}{\mathrm{i}}\,u_y+v_y=v_y-\mathrm{i}\,u_y.$$

Gleichsetzen der beiden Ausdrücke für $f'(z_0)$

$$f'(z_0)=u_x+\mathrm{i}\,v_x=v_y-\mathrm{i}\,u_y$$

ergibt durch Vergleich von Realteilen und Imaginärteilen die beiden Cauchy-Riemannschen Differentialgleichungen

$$\begin{aligned} u_x &= v_y \\ v_x &= -\,u_y. \end{aligned} \tag{2.3}$$

Das Bestehen dieser DGln ist also eine notwendige Bedingung dafür, daß die Funktion $w=u+\mathrm{i}\,v$ differenzierbar ist. Wir wollen jetzt umgekehrt das Bestehen dieser DGln voraussetzen und zu beweisen versuchen, daß diese DGln von Cauchy und Riemann für die Differenzierbarkeit von $f(z)$ hinreichend sind. Dazu wäre zu zeigen, daß auch für jede beliebige Art des Grenzübergangs $z\to z_0$ unter Voraussetzung der Cauchy-Riemannschen DGln derselbe Grenzwert des Differenzenquotienten zustandekommt. Es sei also $z=z_0+\Delta z=(x_0+\Delta x)+\mathrm{i}(y_0+\Delta y)$.
Wir erhalten

$$\frac{f(z)-f(z_0)}{z-z_0}=\frac{u(x_0+\Delta x,y_0+\Delta y)-u(x_0,y_0)}{\Delta x+\mathrm{i}\,\Delta y}+$$

$$+\,\mathrm{i}\,\frac{v(x_0+\Delta x,y_0+\Delta y)-v(x_0,y_0)}{\Delta x+\mathrm{i}\,\Delta y}.$$

Setzen wir nun die Stetigkeit der auftretenden partiellen Ableitungen voraus, so können wir im Zähler jeweils den Mittelwertsatz für Funktionen von zwei reellen Veränderlichen anwenden und erhalten

$$\frac{f(z)-f(z_0)}{z-z_0}=\frac{\Delta x\cdot u_x(\xi,\eta)+\Delta y\,u_y(\xi,\eta)}{\Delta x+\mathrm{i}\,\Delta y}+$$

$$+\,\mathrm{i}\,\frac{\Delta x\,v_x(\tilde{\xi},\tilde{\eta})+\Delta y\,v_y(\tilde{\xi},\tilde{\eta})}{\Delta x+\mathrm{i}\,\Delta y}.$$

Dabei bezeichnen (ξ,η) und $(\tilde{\xi},\tilde{\eta})$ Punkte auf den Verbindungsstrecken von (x_0,y_0) und (x,y), Umformung ergibt

$$\frac{f(z)-f(z_0)}{z-z_0} =$$

$$= u_x(\xi,\eta) - \frac{\mathrm{i}\,\Delta y}{\Delta x + \mathrm{i}\,\Delta y}\,u_x(\xi,\eta) +$$

$$+ \frac{1}{\mathrm{i}}\,u_y(\xi,\eta) - \frac{1}{\mathrm{i}}\,\frac{\Delta x}{\Delta x + \mathrm{i}\,\Delta y}\,u_y(\xi,\eta) +$$

$$+ \frac{\mathrm{i}\,\Delta x}{\Delta x + \mathrm{i}\,\Delta y}\,v_x(\tilde{\xi},\tilde{\eta}) + \frac{\mathrm{i}\,\Delta y}{\Delta x + \mathrm{i}\,\Delta y}\,v_y(\tilde{\xi},\tilde{\eta}).$$

Mittels der Cauchy-Riemannschen DGln wollen wir die Ableitungen nach y durch solche nach x ausdrücken:

$$\frac{f(z)-f(z_0)}{z-z_0} =$$

$$= u_x(\xi,\eta) + \mathrm{i}\,v_x(\xi,\eta) +$$

$$+ \frac{\mathrm{i}\,\Delta y}{\Delta x + \mathrm{i}\,\Delta y}\,\{u_x(\tilde{\xi},\tilde{\eta}) - u_x(\xi,\eta)\} +$$

$$+ \frac{\mathrm{i}\,\Delta x}{\Delta x + \mathrm{i}\,\Delta y}\,\{v_x(\tilde{\xi},\tilde{\eta}) - v_x(\xi,\eta)\}.$$

Hier können wir nun den Grenzübergang $z \to z_0$ ausführen. Wegen der vorausgesetzten Stetigkeit der partiellen Ableitungen gehen die Ausdrücke in den geschweiften Klammern dabei gegen Null, und da

$$\left|\frac{\mathrm{i}\,\Delta y}{\Delta x + \mathrm{i}\,\Delta y}\right| \leqq 1, \qquad \left|\frac{\mathrm{i}\,\Delta x}{\Delta x + \mathrm{i}\,\Delta y}\right| \leqq 1,$$

erhalten wir

$$\lim_{z\to z_0} \frac{f(z)-f(z_0)}{z-z_0} = u_x(x_0,y_0) + \mathrm{i}\,v_x(x_0,y_0) = f'(z_0).$$

Es ergibt sich also in der Tat, daß unter Voraussetzung der DGln von Cauchy und Riemann und der Stetigkeit der ersten partiellen Ableitungen von u und v für beliebige Art des Grenzübergangs $z \to z_0$ stets derselbe Grenzwert des Differenzenquotienten eintritt, so daß $f(z)$ differenzierbar ist. Es läßt sich übrigens, allerdings unter recht beträchtlichem Aufwand, zeigen, daß die Existenz der partiellen Ableitungen dafür genügt und ihre Stetigkeit nicht vorausgesetzt zu werden braucht; doch soll uns das hier nicht weiter interessieren. Da nach den Überlegungen aus Kapitel I die Funktion $f'(z) = u_x + \mathrm{i}\,v_x$ dann und nur dann stetig ist, wenn u_x, v_x stetig sind, lassen sich die bisherigen Ergebnisse wie folgt zusammenfassen:

Satz II.1. Die Funktion $f(z) = u + \mathrm{i}\, v$ besitzt im Gebiet G dann und nur dann eine stetige Ableitung $f'(z)$, wenn die DGln von Cauchy und Riemann gelten

$$\begin{aligned} u_x &= v_y \\ v_x &= -u_y \end{aligned} \tag{2.3}$$

und wenn die partiellen Ableitungen von u und v stetig sind. Man hat dann

$$f'(z) = u_x + \mathrm{i}\, v_x = v_y - \mathrm{i}\, u_y .$$

Es ist üblich, eine Funktion $f(z)$, die den in diesem Satze ausgesprochenen Bedingungen genügt, im Gebiet G holomorph zu nennen.

Man sieht, daß die Forderung der stetigen Differenzierbarkeit bei komplexen Funktionen eine sehr starke Einschränkung mit sich bringt: Realteil und Imaginärteil der Funktion sind durch die sehr speziellen DGln $u_x = v_y$, $v_x = -u_y$ gekoppelt. Das hat zur Folge, daß anscheinend ganz „vernünftige" Funktionen nicht holomorph sind, z. B. die Funktion

$$f(z) = \bar{z} = x - \mathrm{i}\, y .$$

Hier ist $u = x$, $v = -y$, und man sieht, daß die Cauchy-Riemannschen DGln nicht erfüllt sind, da $u_x = 1$, $v_y = -1 \neq u_x$.

Hingegen sind die Funktionen $f(z) = \text{const}$ und $f(z) = z$ in der ganzen Ebene holomorph, wie man entweder durch direkte Berechnung des Differentialquotienten oder aus den Cauchy-Riemannschen DGln sehen kann.

Ehe wir auf weitere Regeln für die Ableitung eingehen, sei noch eine wichtige Folgerung aus den Cauchy-Riemannschen DGln gezogen. Setzt man voraus, daß auch noch die zweiten partiellen Ableitungen von u, v existieren und stetig sind, so folgt durch Differentiation dieser DGln

$$u_{xx} = v_{yx}, \quad v_{xy} = -u_{yy}$$
$$u_{xy} = v_{yy}, \quad v_{xx} = -u_{yx}.$$

Wegen der Vertauschbarkeit der Differentiationsreihenfolge bei den gemischten partiellen Ableitungen hat man

$$u_{xx} + u_{yy} = v_{xx} + v_{yy} = 0. \tag{2.4}$$

Realteil und Imaginärteil einer holomorphen Funktion sind also notwendigerweise Potentialfunktionen. Es gilt übrigens auch die Umkehrung, sogar in einer etwas verschärften Form: Ist u eine in G zweimal stetig differenzierbare Lösung der Potentialgleichung, so läßt sich u als Realteil einer in G holomorphen Funktion auffassen, d. h. es gibt eine Funktion v, so daß u und v zusammen den DGln von Cauchy und Riemann genügen. Dabei ist allerdings eine einschränkende Voraussetzung über das Gebiet nötig; wir wollen voraussetzen, daß G konvex sei[1]. Vorausgesetzt ist also

---

[1] Wir erinnern daran, daß ein Gebiet konvex heißt, wenn es mit je zwei Punkten auch deren ganze Verbindungsstrecke enthält.

$u_{xx} + u_{yy} = 0$, und gesucht wird eine Funktion v, die in G den DGln genügt

$$v_x = -u_y$$
$$v_y = u_x.$$

Nach Band IV ist für die Existenz einer Funktion v mit $v_x = P$, $v_y = Q$ notwendig und hinreichend, daß $P_y = Q_x$; diese Bedingung ist hier aber wegen $u_{xx} + u_{yy} = 0$ erfüllt. Man vergleiche auch Beispiel 2 am Ende des Kapitels.

Übrigens läßt sich ganz entsprechend auch zeigen, daß jede Potentialfunktion als Imaginärteil einer analytischen Funktion aufgefaßt werden kann.

Die enge Beziehung zur DGl $\Delta u = 0$ macht die Funktionentheorie zu einem wichtigen Hilfsmittel in vielen Anwendungsgebieten.

Man zeigt nun ohne große Mühe, daß die wichtigsten Regeln für das Differenzieren im Komplexen genauso lauten wie im Reellen, und zwar insbesondere die Regeln

$$(f \pm g)' = f' \pm g',$$

ferner die Produktregel, die Quotientenregel und die Kettenregel. Die Beweise sehen fast genau so aus wie im Reellen, was wir nur am Beispiel der Produktregel verifizieren wollen:

$$(f(z) \cdot g(z))'\Big|_{z=z_0} = \lim_{\Delta z \to 0} \frac{f(z_0 + \Delta z)\, g(z_0 + \Delta z) - f(z_0)\, g(z_0)}{\Delta z} =$$
$$= \lim_{\Delta z \to 0} \left\{ f(z_0 + \Delta z) \frac{g(z_0 + \Delta z) - g(z_0)}{\Delta z} + g(z_0) \frac{f(z_0 + \Delta z) - f(z_0)}{\Delta z} \right\} =$$
$$= f g' + f' g|_{z=z_0}.$$

Wie im Reellen sieht man auch, daß eine in z_0 differenzierbare Funktion $f(z)$ an dieser Stelle stetig ist. Denn die Differenzierbarkeit besagt ja, daß

$$\varphi(\Delta z) \underset{\text{def}}{=} \frac{f(z_0 + \Delta z) - f(z_0)}{\Delta z} - f'(z_0)$$

für $\Delta z \to 0$ selbst gegen Null geht, und daraus erhält man

$$f(z_0 + \Delta z) = f(z_0) + f'(z_0) \cdot \Delta z + \varphi(\Delta z) \cdot \Delta z \tag{2.5}$$

oder

$$\lim_{\Delta z \to 0} f(z_0 + \Delta z) = f(z_0),$$

also die Stetigkeit in z_0.

Wir wollen die Cauchy-Riemannschen DGln in zwei Anwendungsgebieten erläutern. Ein elektrisches Feld sei von der dritten reellen Variablen unabhängig und habe auch keine Komponenten in dieser Richtung; es sei außerdem stationär, also nicht von der Zeit t abhängig. Es gilt mithin für die Feldstärke

$$\boldsymbol{E} = u(x, y)\, \boldsymbol{e}_1 + v(x, y)\, \boldsymbol{e}_2 .$$

Ist das Raumstück ladungsfrei, so gilt neben rot $\boldsymbol{E} = 0$ auch div $\boldsymbol{E} = 0$, und das führt auf die beiden Gleichungen

$$u_x + v_y = 0, \quad v_x - u_y = 0 .$$

Bis auf Vorzeichenunterschiede sind das die Cauchy-Riemannschen DGln, und man sieht, daß $f(z) = -u + \mathrm{i}\, v$ jedenfalls eine holomorphe Funktion ist. Dem Vektor $\boldsymbol{E} = u\, \boldsymbol{e}_1 + v\, \boldsymbol{e}_2$ entspricht, wenn man sich die x, y-Ebene als z-Ebene denkt, die komplexe Zahl $-\bar{f} = u + \mathrm{i}\, v$. Ist $F(z) = \varphi + \mathrm{i}\, \psi$ eine holomorphe Funktion mit $F'(z) = f(z) = -u + + \mathrm{i}\, v$, so gilt wegen der Cauchy-Riemannschen DGln offenbar

$$-\bar{F}' = -\bar{f} = -(\varphi_x + \mathrm{i}\, \varphi_y)$$

oder, reell geschrieben,

$$\boldsymbol{E} = -\operatorname{grad} \varphi = -(\varphi_x\, \boldsymbol{e}_1 + \varphi_y\, \boldsymbol{e}_2) .$$

Der Realteil φ von F ist also gleich dem elektrostatischen Potential. Man bezeichnet F daher manchmal auch als komplexes elektrostatisches Potential. Die Linien $\psi = \text{const}$ haben ebenfalls eine physikalische Bedeutung: Es sind die Feldlinien, also die Linien, die überall die Richtung von $\boldsymbol{E}$ haben. Aus der Elektrizitätslehre ist bekannt, daß Feldlinien und Linien konstanten Potentials aufeinander senkrecht stehen; in Kapitel V kommen wir darauf zurück.

Eine andere sehr anschauliche Deutung der holomorphen Funktionen tritt in der Strömungslehre auf. Wir betrachten eine stationäre ebene Strömung mit dem Geschwindigkeitsvektor $\boldsymbol{q} = u\, \boldsymbol{e}_x + v\, \boldsymbol{e}_y$. Wir setzen voraus, daß in dem betrachteten Gebiet keine Quellen und Wirbel liegen, so daß div $\boldsymbol{q} = 0$, rot $\boldsymbol{q} = 0$ ist, was auf die Gleichungen

$$u_x + v_y = 0, \quad v_x - u_y = 0$$

führt. Hier pflegt man die Funktion $f = u - \mathrm{i}\, v$ einzuführen, welche wegen dieser Gleichungen holomorph ist, als Funktion von $z = x + \mathrm{i}\, y$ aufgefaßt. Sei $F = \varphi + \mathrm{i}\, \psi$ wieder eine Funktion mit $F' = f$, so bezeichnet man φ als Geschwindigkeitspotential und ψ als Stromfunktion. Es ist nämlich wegen $F' = u - \mathrm{i}\, v = \varphi_x + \mathrm{i}\, \psi_x = \varphi_x - \mathrm{i}\, \varphi_y$ (Cauchy-Riemannsche DGln für F verwendet!) und wegen

$$\bar{F}' = u + \mathrm{i}\, v = \varphi_x + \mathrm{i}\, \varphi_y$$

$\overline{F}'$ die komplexe Darstellung von $\boldsymbol{q}$, und aus der letzten Gleichung folgt

$$\boldsymbol{q} = \operatorname{grad} \varphi.$$

Die Linien $\psi = \text{const}$ haben die Vektoren $\boldsymbol{q}$ als Tangentenvektoren, sie sind die Stromlinien.

Aufgaben und Beispiele

1. Es sei $g(z)$ eine reellwertige Funktion, so daß $w(z) = g(z)\, z \cdot \bar{z}$ in der ganzen Ebene holomorph ist. Was folgt daraus über $g(z)$?
Anleitung: Wegen $z \cdot \bar{z} = |z|^2$ ist $w(z)$ durchweg reellwertig, der Imaginärteil v ist also identisch gleich Null, und aus den Cauchy-Riemannschen DGln folgt $u_x = u_y = 0$, also $u(x, y) = \text{const}$. Es ist also $w(z)$ gleich einer rellen Konstanten.

2. Es sei $u(x, y)$ eine im Gebiet G der Ebene zweimal stetig differenzierbare Potentialfunktion, also $u_{xx} + u_{yy} = 0$. Man bestimme in Integralform $v(x, y)$ so, daß $f(z) = u + \mathrm{i}\, v$ eine holomorphe Funktion von $z = x + \mathrm{i}\, y$ ist!
Anleitung: Wegen der Cauchy-Riemannschen DGln muß gelten $v_x = -u_y$, $v_y = u_x$; daß eine Lösung v existiert, ist nach S. 25 sicher. Mit den Überlegungen über Kurvenintegrale aus Band IV, Kapitel V, folgt

$$v(x, y) = \int_C (-u_y\, \mathrm{d}x + u_x\, \mathrm{d}y) + \text{const},$$

wo C ein vom festen Punkt (x_0, y_0) innerhalb G nach (x, y) verlaufender Weg ist. Die Integrationskonstante ist natürlich reell.

3. Man finde holomorphe Funktionen mit den vorgegebenen Realteilen

$$\text{a)} \quad u = y^2 - x^2$$

$$\text{b)} \quad u = \frac{x}{x^2 + y^2}.$$

Anleitung: Man überzeugt sich zunächst, daß es sich um Potentialfunktionen handelt. Dann verwende man Beispiel 2.
Lösungen: a) $f(z) = -z^2$, G beliebig; b) $f(z) = z^{-1}$, G darf den Nullpunkt nicht enthalten.

4. Analog zu Beispiel 2 finde man zu vorgegebener Potentialfunktion v eine holomorphe Funktion mit v als Imaginärteil!
Ergebnis:

$$u = \int_C (v_y\, \mathrm{d}x - v_x\, \mathrm{d}y) + \text{const}.$$

5. Man zeige, daß gilt

$$\frac{\partial^{m+n} u(x, y)}{\partial x^m \, \partial y^n} = \operatorname{Re} \{\mathrm{i}^n \, w^{(m+n)}(z)\},$$

wenn $u(x, y)$ der Realteil der holomorphen Funktion $w(z)$ ist. Mit Hilfe dieser Beziehung berechne man:

$$\frac{\partial^5}{\partial x^3 \, \partial y^2} \left(\frac{x}{x^2 + y^2} \right).$$

Anleitung: Wir fassen w einerseits als Funktion von z, andererseits als (komplexwertige) Funktion der beiden reellen Veränderlichen x, y auf. Es ergibt sich

$$u_x + \mathrm{i}\, v_x = w'(z)$$

$$u_{xx} + \mathrm{i}\, v_{xx} = w''(z)$$

$$\frac{\partial^k u}{\partial x^k} + \mathrm{i} \frac{\partial^k v}{\partial x^k} = w^{(k)}(z)$$

und entsprechend

$$\frac{\partial^l u}{\partial y^l} + \mathrm{i} \frac{\partial^l v}{\partial y^l} = \mathrm{i}^l \, w^{(l)}(z).$$

Danach ist

$$\frac{\partial^n}{\partial y^n} \left(\frac{\partial^m}{\partial x^m} w \right) = \mathrm{i}^n \, w^{(m+n)}(z),$$

und damit, weil u gleich dem Realteil von w ist, in der Tat

$$\frac{\partial^{m+n} u}{\partial x^m \, \partial y^n} = \operatorname{Re} \{\mathrm{i}^n \, w^{(m+n)}(z)\}.$$

Der spezielle Fall führt auf

$$\frac{\partial^5}{\partial x^3 \, \partial y^2} \left(\frac{x}{x^2 + y^2} \right) = \frac{\partial^5}{\partial x^3 \, \partial y^2} \operatorname{Re} \left(\frac{1}{z} \right) = \operatorname{Re} \left\{ \mathrm{i}^2 \frac{\mathrm{d}^5}{\mathrm{d}z^5} \left(\frac{1}{z} \right) \right\} =$$

$$= \operatorname{Re} \{\mathrm{i}^2 (-1)^5 \, 5! \, z^{-6}\} = 120 \frac{\operatorname{Re} (\bar{z}^6)}{(x^2 + y^2)^6} =$$

$$= 120 \frac{x^6 - 15 x^4 y^2 + 15 x^2 y^4 - y^6}{(x^2 + y^2)^6},$$

womit die Differentation dieser reellen Funktion sehr bequem ausgeführt worden ist.

KAPITEL III

INTEGRATION DER HOLOMORPHEN FUNKTIONEN

Es sei $f(z)$ eine im Gebiet G holomorphe Funktion, $z(t)$ ein Weg in G, den wir mit C abkürzen wollen. Es geht nun darum, das Integral über $f(z)$ längs der Kurve C zu erklären (Figur 10). Wenn die Vorteile der Leibnizschen Schreibweise auch im Komplexen erhalten bleiben sollen, dann wird man im Integral $\int_C f(z)\, \mathrm{d}z$ für f und $\mathrm{d}z$ die Ausdrücke $f = u + \mathrm{i}v$, $\mathrm{d}z = \mathrm{d}x + \mathrm{i}\,\mathrm{d}y$ einsetzen können; auf diesem heuristischen Wege kommt man also zu der zunächst vorläufigen Gleichung

$$\begin{aligned} \int_C f(z)\, \mathrm{d}z &= \int_C (u + \mathrm{i}\, v)\, (dx + \mathrm{i}\, dy) = \\ &= \int_C u\, \mathrm{d}x - v\, \mathrm{d}y + \mathrm{i} \int_C v\, \mathrm{d}x + u\, \mathrm{d}y. \end{aligned} \tag{3.1}$$

Die hier auftretenden Integrale auf der rechten Seite sind dabei als Kurvenintegrale im Sinne der Integrale in der reellen x,y-Ebene aufzufassen (Band IV, Kapitel V).

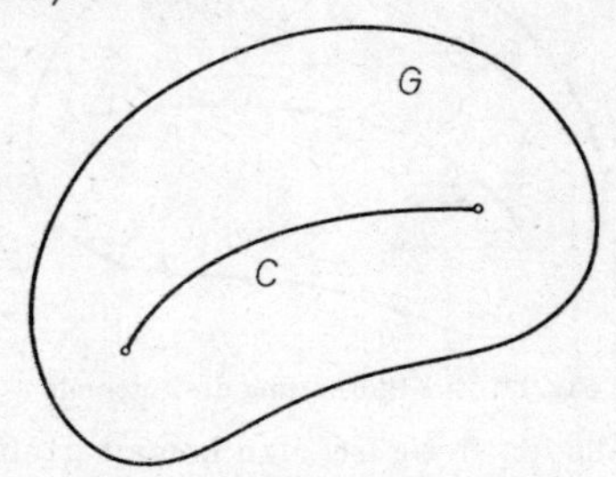

Fig. 10. Integrationsweg in der Zahlenebene

Man kann nun die so auf heuristische Weise gewonnene Gleichung (3.1) einfach als Definition des Integrals einer komplexen Funktion längs einer Kurve C in der Gaußschen Zahlenebene auffassen. Wir wollen so verfahren. Man bemerkt dann: Die reellen Kurvenintegrale auf der rechten Seite der Gleichung (3.1) existieren, wenn die Kurve C in einem Gebiet G verläuft, in dem u, v stetige Funktionen sind. Und nach den Überlegungen in Kapitel I ist das dann und nur dann der Fall, wenn $f(z)$ eine stetige Funktion im Gebiete G ist. Wir fassen zusammen, wobei wir verwenden, daß jede in einem Gebiet G holomorphe Funktion daselbst stetig ist:

Es sei $f(z)$ in G holomorph, und es sei C ein ganz im Gebiet G verlaufender Weg. Dann wird das Integral von $f(z)$ über den Weg C durch die folgende Gleichung definiert:

$$\int_C f(z)\,\mathrm{d}z \underset{\text{def}}{=} \int_C u\,\mathrm{d}x - v\,\mathrm{d}y + \mathrm{i}\int_C v\,\mathrm{d}x + u\,\mathrm{d}y. \tag{3.2}$$

Das Integral existiert unter den angegebenen Voraussetzungen stets.

Man kann zu dieser Definition auch noch auf eine andere Weise gelangen, die sich eng an die Definition reeller Integrale durch Näherungssummen anlehnt. Wir bezeichnen dazu Anfangs- und Endpunkt von C mit z_0, Z_0 und teilen die Kurve in kleinere Stücke auf, die Teilpunkte seien $z_1, z_2, \ldots, z_{n-1}, z_n = Z_0$; ζ_k sei ein Kurvenpunkt zwischen z_{k-1} und z_k. Wir bilden dann die Summe (Figur 11)

$$\sum_{k=0}^{n-1} f(\zeta_k)\,(z_k - z_{k-1}) = \sum_{k=0}^{n-1} (u_k + \mathrm{i}\,v_k)\,(\varDelta\,x_k + \mathrm{i}\,\varDelta\,y_k). \tag{3.3}$$

Verfeinert man nun die Einteilung so, daß schließlich die Länge jedes beliebigen Teilintervalls, d. h. der Abstand beliebiger benachbarter Teilpunkte, gegen Null konvergiert, so folgt ganz wie im Reellen die Existenz

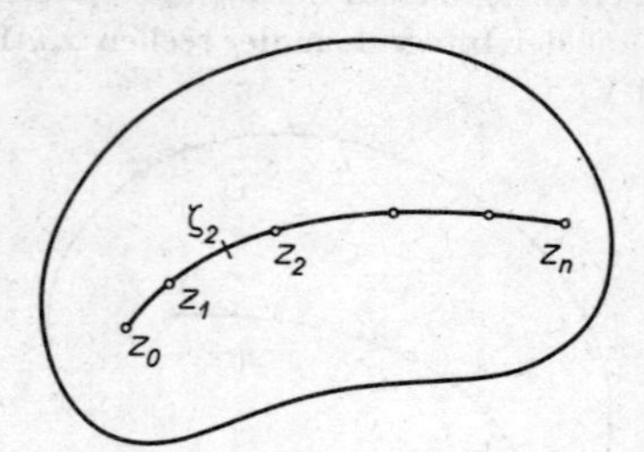

Fig. 11. Zur Einführung des Integrals

eines Grenzwerts, falls $f(z)$ stetig ist. Man kommt dann offenbar auf denselben Ausdruck wie in der eben ausgesprochenen Definition.

Aus der Definition folgen sofort die Rechenregeln

$$\begin{aligned} \int_C (f \pm g)\,\mathrm{d}z &= \int_C f\,\mathrm{d}z \pm \int_C g\,\mathrm{d}z \\ \int_C \lambda f\,\mathrm{d}z &= \lambda \int_C f\,\mathrm{d}z \quad (\lambda \text{ komplexe Zahl}). \end{aligned} \tag{3.4}$$

Bezeichnet man mit $-C$ die in umgekehrter Richtung durchlaufene Kurve, so gilt, wie ebenfalls aus der Definition unmittelbar folgt

$$\int_{-C} f\,dz = -\int_{C} f\,dz. \tag{3.5}$$

Sind C_1 und C_2 zwei Wege, die aneinander anschließen, so daß also der Anfangspunkt von C_2 mit dem Endpunkt von C_1 zusammenfällt, so bezeichnet man den zusammengesetzten Weg mit $C_1 + C_2$. Wieder ergibt sich unmittelbar aus der Definition

$$\int_{C_1+C_2} f\,dz = \int_{C_1} f\,dz + \int_{C_2} f\,dz. \tag{3.6}$$

Aus der Gleichung (3.3) für die Näherungssummen erhält man noch die Abschätzung

$$\left|\sum f(\zeta_k)\,(z_k - z_{k-1})\right| \leqq \sum |f(\zeta_k)| \cdot |z_k - z_{k-1}|.$$

Da die Summe über $|z_k - z_{k-1}|$ bei Verfeinerung der Unterteilung gegen die Länge $L(C)$ des Weges C konvergiert, erhält man, wenn M den größten möglichen Wert von $|f(z)|$ längs des Weges bezeichnet (dieses Maximum existiert, da f als stetig vorausgesetzt ist):

$$\left|\int_C f(z)\,dz\right| \leqq L(C) \cdot M. \tag{3.7}$$

Auch das verallgemeinert eine Eigenschaft reeller Integrale.

Wir berechnen einige spezielle Integrale. Integrationsweg sei im folgenden der im mathematisch positiven Sinne umlaufene Einheitskreis K. Bei Integralen um geschlossene Wege wollen wir stets $\oint$ schreiben und den Umlaufsinn durch einen Pfeil andeuten. Es ist für $n = 1, 2, 3, \ldots$

$$\oint_K z^n\,dz = \int_{\varphi=0}^{2\pi} (\cos n\varphi + i \sin n\varphi)\,(-\sin\varphi + i\cos\varphi)\,d\varphi =$$

$$= -\int_{\varphi=0}^{2\pi} \sin(n+1)\,\varphi\,d\varphi + i\int_{\varphi=0}^{2\pi} \cos(n+1)\,\varphi\,d\varphi = 0.$$

Ebenso erhält man für

$$\oint_K \frac{dz}{z} = \int_0^{2\pi} \frac{-\sin\varphi + i\cos\varphi}{\cos\varphi + i\sin\varphi}\,d\varphi =$$

$$= \int_0^{2\pi} (-\sin\varphi + i\cos\varphi)(\cos\varphi - i\sin\varphi)\,d\varphi =$$

$$= i \int_0^{2\pi} (\sin^2\varphi + \cos^2\varphi)\,d\varphi = 2\pi i.$$

Schließlich folgt bei $m = 2, 3, \ldots$

$$\oint_K \frac{dz}{z^m} = \int_0^{2\pi} \frac{-\sin\varphi + i\cos\varphi}{(\cos\varphi + i\sin\varphi)^m}\,d\varphi = \int_0^{2\pi} \frac{(-\sin\varphi + i\cos\varphi)\,d\varphi}{\cos m\varphi + i\sin m\varphi} =$$

$$= \int_0^{2\pi} (-\sin\varphi + i\cos\varphi)(\cos m\varphi - i\sin m\varphi)\,d\varphi =$$

$$= \int_0^{2\pi} \sin(m-1)\varphi\,d\varphi + i\int_0^{2\pi} \cos(m-1)\varphi\,d\varphi = 0.$$

Wir können die Ergebnisse zusammenfassen; dabei können wir noch die Substitution $z = \zeta - z_0$ durchführen und erhalten etwas allgemeiner:

$$\oint_K (\zeta - z_0)^n\,d\zeta = \begin{cases} 2\pi i \text{ für } n = -1 \\ 0 \quad \text{für ganze } n \neq -1. \end{cases} \tag{3.8}$$

Diese Integrale erweisen sich später als grundlegend für die gesamte Funktionentheorie.

Es fällt auf, daß das Integral um den geschlossenen Kreis in den betrachteten Beispielen fast immer verschwindet, und man wird fragen, ob das vielleicht ein allgemeingültiger Sachverhalt ist; denn immerhin lassen sich ja aus den Potenzen schon recht allgemeine Funktionsklassen additiv zusammensetzen, Polynome und rationale Funktionen, letztere nach einer Partialbruchzerlegung. Wir fragen also, ob sich etwas darüber aussagen läßt, wann das Integral $\int f(z)\,dz$, um einen geschlossenen Weg C genommen, verschwindet. Da nach Gleichung (3.2) dieses Integral durch zwei reelle Kurvenintegrale bestimmt ist, können wir die in Band IV, Kapitel V, hergeleiteten Bedingungen dafür verwenden, daß ein reelles Kurvenintegral auf einem geschlossenen Weg C verschwindet. Wir haben dort gezeigt: Falls C eine Kurve ist, die in einem einfach zusammenhängenden Gebiet liegt, in dem P, Q stetig differenzierbare Kurven sind, so verschwindet das Integral $\oint\limits_C P\,dx + Q\,dy$, falls $P_y = Q_x$. (Dann gibt es nämlich eine Funktion U mit $U_x = P$, $U_y = Q$, so daß der Integrand also ein vollständiges Differential ist, und dann ist das Integral gleich der Differenz der Werte von U für Endpunkt und Anfangspunkt, welche in dem Falle einer geschlossenen Kurve zusammenfallen.) Für die beiden in der Integraldefinition (3.2) auftretenden reellen Kurvenintegrale

$$\oint\limits_C u\,dx - v\,dy, \qquad \oint\limits_C v\,dx + u\,dy$$

sind die Bedingungen dafür, daß das Integral über einen geschlossenen Weg verschwindet, wegen der Cauchy-Riemannschen DGln erfüllt: $u_y = -v_x$, $v_y = u_x$. Man sieht auch hier wieder die zentrale Bedeutung der Cauchy-Riemannschen DGln. Wir formulieren das Ergebnis, das man nach Cauchy benennt:

Satz 3.1 (Cauchyscher Integralsatz): Es sei G ein einfach zusammenhängendes Gebiet, C ein geschlossener Weg in G, und $f(z)$ sei eine in G holomorphe Funktion. Dann ist $\int\limits_C f(z)\,dz = 0$.

Das Verschwinden des Integrals einer holomorphen Funktion über einen geschlossenen Weg C ist also, wie die oben durchgerechneten Beispiele vermuten ließen, die Regel. Insbesondere verschwindet das Integral über z^n bei $n = 0, 1, 2, \ldots$ längs jedes geschlossenen Weges, da z^n in der ganzen Ebene holomorph ist.

Nun ist es in der Funktionentheorie aber auch nötig, mehrfach zusammenhängende Gebiete zu betrachten, d. h. solche, die von mehreren geschlossenen Wegen berandet werden. So wird man bei der oben ausgeführten Integration der Funktion $\frac{1}{z}$ um den Einheitskreis herum eine kleine (etwa kreisförmige) Umgebung des Nullpunkts ausschließen müssen, da für die Funktion der Nullpunkt selbst ein singulärer Punkt ist, weil $\frac{1}{z}$ dort nicht stetig differenzierbar ist. Eine doppelpunktfreie Kurve, die den Nullpunkt umschlingt, liegt dann ganz innerhalb eines geeigneten Ringgebiets (Fig. 12), dessen Rand aus zwei Kreisen besteht. Im allgemeinen nennen wir ein Gebiet n-fach zusammenhängend, wenn sein Rand aus n stückweise glatten geschlossenen Kurven besteht. Wie die Integration von $\frac{1}{z}$ gezeigt hat, braucht bei mehrfachem Zusammenhang das Integral über eine geschlossene Kurve nicht immer zu verschwinden. Doch läßt sich eine nützliche Verallgemeinerung des Cauchyschen Integralsatzes auch hier beweisen. Wir erläutern das am Beispiel der Funktion $w = \frac{1}{z}$. Es sei C irgendeine doppelpunktfreie geschlossene Kurve, die den Nullpunkt im Innern enthält, und es sei K_ε ein Kreis von hinreichend kleinem Radius ε um 0; ε sei so gewählt, daß der ganze Kreis K_ε eben-

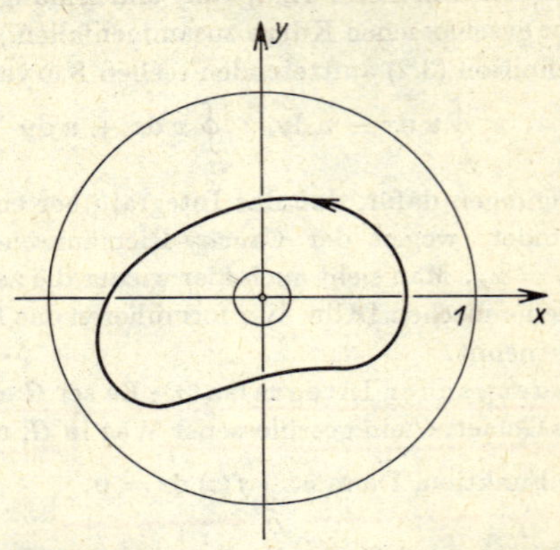

Fig. 12. Ringgebiet Beispiel für ein zweifach zusammenhängendes Gebiet

falls im Innern von C liegt. Wir verbinden C und K_ε nun durch zwei doppelpunktfreie Wege C_1, C_2, die einander nicht treffen und mit C bzw. K_ε jeweils nur einen Punkt gemeinsam haben. Das Ringgebiet zwischen K_ε und C wird dadurch in zwei einfach zusammenhängende Gebiete zer-

s. S. 19

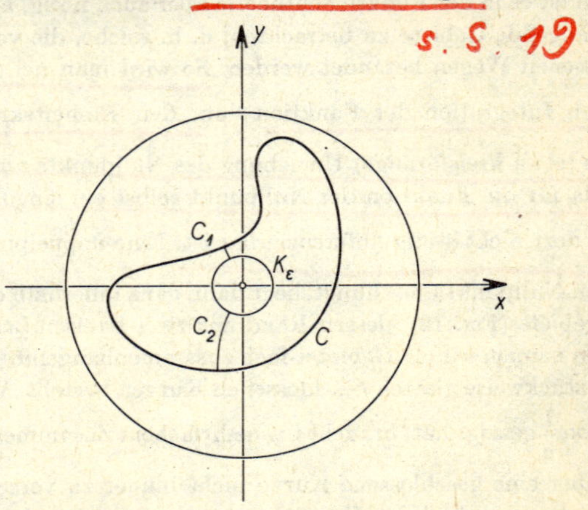

Fig. 13. Zur Integration von 1/z

legt (Figur 13). Auf die Berandungen dieser Gebiete ist jeweils der Cauchysche Integralsatz anwendbar, da die Gebiete ganz in Holomorphiegebieten von $\frac{1}{z}$ liegen und einfach zusammenhängend sind. Zerlegt man die Integrationswege nun wieder, so sieht man, daß die Integrale über die Hilfswege zwischen C und K_ε wegfallen, weil jeder dieser Wege in jeder Richtung einmal durchlaufen wird. Es bleibt also

$$\oint_C \frac{\mathrm{d}z}{z} + \oint_{K\varepsilon} \frac{\mathrm{d}z}{z} = 0$$

oder wegen (3.5):

$$\oint_C \frac{\mathrm{d}z}{z} = \oint_{K\varepsilon} \frac{\mathrm{d}z}{z}.$$

Man liest daraus für $C = K$ (Einheitskreis) zunächst ab, daß

$$2\pi\mathrm{i} = \oint_{K\varepsilon} \frac{\mathrm{d}z}{z}$$

und dann folgt

$$\oint_C \frac{\mathrm{d}z}{z} = 2\pi\,\mathrm{i}$$

für jede Kurve C, die doppelpunktfrei ist und den Nullpunkt im Innern enthält. In diesem Fall ist das Integral also zwar nicht gleich Null, aber doch unabhängig von der speziellen Wahl der geschlossenen Kurve.

Das läßt sich nun verallgemeinern. Es sei G ein n-fach zusammenhängendes Gebiet, der Rand R zerfalle in die n geschlossenen Kurven R_1, $R_2, \ldots, R_n$. Man kann dann, wie in Figur 14 angedeutet, Verbindungs-

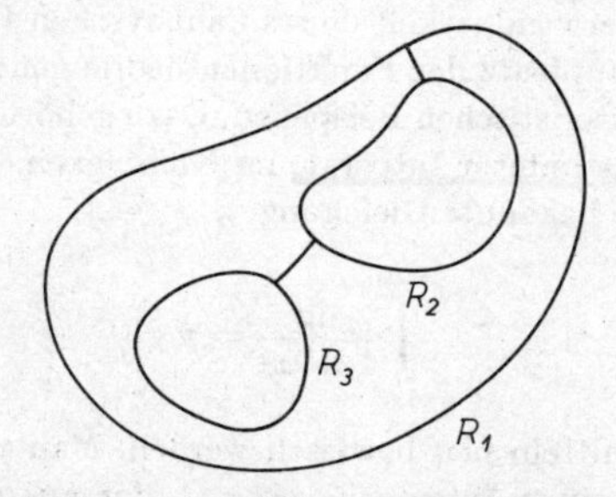

Fig. 14. Zerlegung in einfach zusammenhängende Gebiete

wege zwischen den R_k so ziehen, daß G in einfach zusammenhängende Gebiete zerfällt, auf die der Satz 3.1 angewendet werden kann. Die Summe der Integrale über die Ränder dieser Gebiete verschwindet also, und da jedes der ergänzten Wegstücke genau einmal in jeder Richtung durchlaufen wird, heben sich die von diesen Stücken stammenden Teilintegrale weg. Es verschwindet also die Summe der Integrale über die R_k, wobei die Orientierung der R_k offenbar so zu wählen ist, daß das Gebiet G stets am linken Ufer des Weges liegt. Man kann auch sagen, daß der äußere Rand von G mathematisch positiv, die anderen Randkurven aber mathematisch negativ zu orientieren sind. Das führt auf die allgemeinere Fassung des Cauchyschen Integralsatzes:

Satz 3.2 (C a u c h y s c h e r   I n t e g r a l s a t z,   a l l g e m e i n e r e   F a s s u n g): Das Gebiet G sei ganz in einem Holomorphiegebiet von $f(z)$ enthalten. G sei n-fach zusammenhängend. Dann ist das Integral über den ganzen Rand erstreckt gleich 0, oder, damit gleichbedeutend

$$\sum_{k=1}^{n} \oint_{R_k} f(z)\,\mathrm{d}z = 0, \tag{3.9}$$

wobei jede der einzelnen Randkurven R_k so zu orientieren ist, daß G am linken Ufer von R_k liegt.

Eine andere Fassung ist die folgende: Sei R_1 der äußere Rand (d. h. diejenige Randkurve, die andererseits dasjenige Gebiet berandet, in dem der Punkt ∞ liegt); alle anderen Ränder werden als innere Ränder bezeichnet. Wir haben

$$\oint_{R_1} f(z)\,\mathrm{d}z = \sum_{k=2}^{n} \oint_{R_k} f(z)\,\mathrm{d}z, \tag{3.10}$$

wobei die Summe über die inneren Ränder zu erstrecken ist, welche nunmehr aber positiv zu orientieren sind.

Wir zeigen die Verwendbarkeit dieses Cauchyschen Integralsatzes, der manchmal auch Hauptsatz der Funktionentheorie genannt wird, an einfachen, aber charakteristischen Beispielen. Dazu gehört besonders die Berechnung reeller bestimmter Integrale im Komplexen.

Zunächst soll die bekannte Gleichung

$$\int_{-\infty}^{+\infty} \frac{\mathrm{d}x}{1+x^2} = \pi \tag{3.11}$$

mit unseren Hilfsmitteln neu bewiesen werden. Man wählt dazu in der oberen Halbebene einen Integrationsweg C, der aus der Strecke $(-R,$

$+ R$) der reellen Achse und dem Halbkreisbogen H vom Radius R in der oberen Halbebene besteht. Es sei $R > 1$. Da der Integrand in der oberen

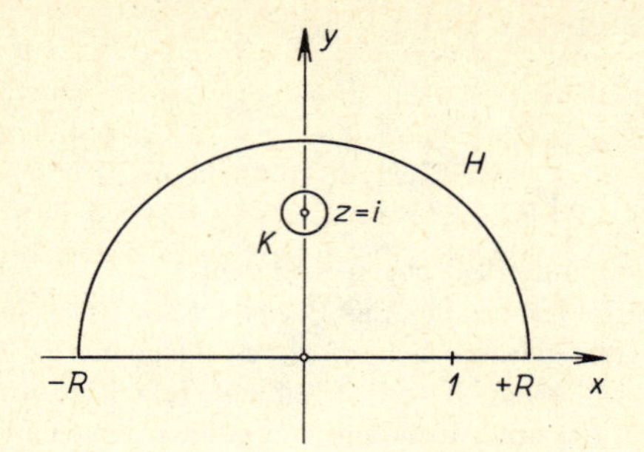

Fig. 15. Zur Berechnung des Integrals $\int_{-\infty}^{+\infty} \frac{dx}{1+x^2}$

Halbebene nur eine singuläre Stelle hat, nämlich $z = \mathrm{i}$, legen wir einen kleinen Kreis K um diesen Punkt (Figur 15). Der Cauchysche Integralsatz ergibt

$$\oint_C \frac{dz}{1+z^2} = \oint_K \frac{dz}{1+z^2}.$$

Das Integral rechts läßt sich auswerten:

$$\oint_K \frac{dz}{1+z^2} = \oint_K \frac{1}{2\,\mathrm{i}} \left\{ \frac{1}{z-\mathrm{i}} - \frac{1}{z+\mathrm{i}} \right\} dz = \pi.$$

Dabei haben wir Formel (3.8) verwendet und die Tatsache, daß der zweite Summand der Partialbruchzerlegung in der oberen Halbebene holomorph ist, das Integral darüber also verschwindet. Wir haben also durch Zerlegung

(auf der reellen Achse gilt z = x

$$\int_{-R}^{+R} \frac{dx}{1+x^2} + \int_H \frac{dz}{1+z^2} = \oint_C \frac{dz}{1+z^2} = \oint_K \frac{dz}{1+z^2} = \pi.$$

Es liegt nun nahe, den Grenzübergang $R \to \infty$ aufzuführen, und wir werden das Ergebnis erhalten, wenn wir gezeigt haben, daß das Integral über den Halbkreisbogen dabei gegen Null geht. Dazu benutzen wir die Ungleichung (3.7): Die Länge des Integrationswegs ist πR, und auf dem

Halbkreisbogen gilt $\left|\frac{1}{1+z^2}\right| \leqq M = \frac{1}{R^2-1}$, wie aus $R^2 = |z^2| =$ $= |(z^2+1) - 1| \leqq |z^2+1| + 1$ folgt.

Es ist also

$$\left|\int_H \frac{\mathrm{d}z}{1+z^2}\right| \leqq \pi\, R\, M = \frac{\pi\, R}{R^2-1},$$

was für $R \to \infty$ in der Tat gegen Null geht.

Man vergleiche ferner auch das Beispiel 4 am Ende des Kapitels.

Die Überlegungen lassen sich sofort verallgemeinern. Sei C eine doppelpunktfreie geschlossene Kurve in einem einfach zusammenhängenden Gebiet, in dem $f(z)$ mit Ausnahme von endlich vielen Punkten $z_1, \ldots, z_n$ stetig differenzierbar sei. Diese Punkte mögen alle im Innern von C liegen. Dann gibt es kleine Kreise K_j um die Punkte z_j, die sämtlich innerhalb von C liegen und die sich auch untereinander nicht treffen (Figur 16). Der Cauchysche Integralsatz ergibt dann

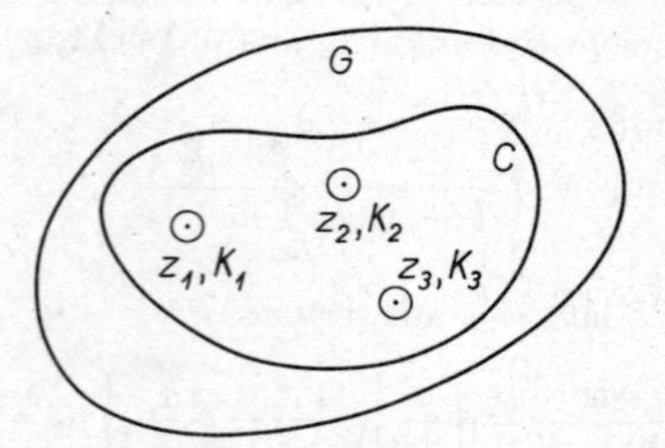

Fig. 16. Zur Formel (3.12)

(3.12)
$$\oint_C f(z)\,\mathrm{d}z = \sum_{j=1}^{n} \oint_{K_j} f(z)\,\mathrm{d}z.$$

Für die Berechnung des Integrals über C ist also nur die Kenntnis der Integrale über K_j erforderlich, wobei diese Integrale auch wieder nach dem Cauchyschen Integralsatz unabhängig vom Radius sind, solange ein solcher Kreis nur keine weitere Singularität im Innern oder auf dem Rande enthält. Man führt für diese Integralwerte daher einen neuen Namen ein:

Definition: Als Residuum der Funktion $f(z)$ an der isolierten singulären Stelle z_0 bezeichnet man den Integralwert über einen Kreis K_0 von hinreichend kleinem Radius um z_0, dividiert durch $2\,\pi\,\mathrm{i}$:

(3.13)
$$\operatorname*{Res}_{z=z_0} f(z) \underset{\text{def}}{=} \frac{1}{2\pi i} \oint_{K_0} f(z)\, dz.$$

Dabei spricht man von einer isolierten singulären Stelle, wenn es kleine Kreise gibt, in denen außer bei z_0 durchweg stetige Differenzierbarkeit herrscht; das ist stets der Fall, wenn im betrachteten Gebiet nur endlich viele Singularitäten liegen. Der Normierungsfaktor $\frac{1}{2\pi i}$ ist nicht wesentlich; er wird eingeführt, damit die mit (3.8) für $n = -1$ gleichbedeutende Gleichung gilt

(3.14)
$$\operatorname*{Res}_{z=z_0} \frac{1}{z - z_0} = 1.$$

Die obige Gleichung (3.12) ergibt nun unmittelbar den

Residuensatz: Enthält eine geschlossene Kurve C im Innern endlich viele singuläre Stellen von $f(z)$, so ist das Integral über C gleich der Summe aller Residuen, multipliziert mit $2\pi i$. Dabei ist von der Kurve C wie vorher natürlich vorauszusetzen, daß sie doppelpunktfrei ist und selbst keinen singulären Punkt trifft, und daß sie ganz in einem Gebiet G liegt, in dem $f(z)$ mit Ausnahme der endlich vielen singulären Stellen stetig differenzierbar ist. Zur Berechnung der Integrale über beliebige geschlossene Kurven genügt also die Kenntnis der Residuen! Unter diesen Voraussetzungen gilt also in Formeln:

(3.15)
$$\frac{1}{2\pi i} \oint_C f(z)\, dz = \sum \operatorname*{Res}_{z=z_k} f(z).$$

Die vielfältigen Anwendungsmöglichkeiten des Residuensatzes auf die Berechnung bestimmter Integrale sind oben beim Beweis von (3.11) schon angeklungen; weitere Beispiele finden sich im Anschluß an dieses Kapitel sowie auch in den späteren Kapiteln. Prinzipiell ist es interessant, daß die komplexe Analysis Beiträge zur Berechnung rein reeller Integrale gibt, was einmal mehr bestätigt, daß die Erweiterung der Analysis ins Komplexe sinnvoll und zweckmäßig ist.

Aufgaben und Beispiele

1. Man beweise den Fundamentalsatz der Differential- und Integralrechnung für holomorphe Funktionen!

Anleitung: Es ist also zu beweisen

$$\frac{d}{dz} \int_{z_0}^{z} f(\zeta)\, d\zeta = f(z).$$

Dabei sei $f(z)$ holomorph, und für Wege, die ganz in einem einfach zusammenhängenden Holomorphiegebiet verlaufen, hängt das Integral nach dem Cauchyschen Integralsatz dann nur von Anfangs- und Endpunkt ab. Es ist also zu zeigen: $\int_{z_0}^{z} f(\zeta)\,d\zeta$ ist unter diesen Voraussetzungen selbst eine holomorphe Funktion, und die Ableitung ist gleich $f(z)$. Wir müssen also zeigen, daß die Differenz zwischen dem Differenzenquotienten und der Funktion $f(z)$ gegen Null geht, wenn Δz gegen Null geht. Es ist aber bei festem z und Δz

$$D = \left| \frac{1}{\Delta z} \left\{ \int_{z_0}^{z+\Delta z} f(\zeta)\,d\zeta - \int_{z_0}^{z} f(\zeta)\,d\zeta \right\} - f(z) \right| =$$

$$= \left| \frac{1}{\Delta z} \int_{z}^{z+\Delta z} f(\zeta)\,d\zeta - f(z) \right| = \frac{1}{|\Delta z|} \left| \int_{z}^{z+\Delta z} (f(\zeta) - f(z))\,d\zeta \right| .$$

Da es genügt, als Integrationsweg die Verbindungsstrecke von z und $z + \Delta z$ zu betrachten (wegen der Holomorphie besteht ja Wegunabhängigkeit), und da $f(\zeta) - f(z)$ wegen der Holomorphie in der Variablen ζ stetig, also erst recht beschränkt ist,

$$M(\Delta z) = \max_{|\zeta - z| \leqq |\Delta z|} |f(\zeta) - f(z)|$$

erhalten wir

$$D \leqq \frac{1}{|\Delta z|} \cdot M(\Delta z) \cdot |\Delta z| = M(\Delta z).$$

Wieder wegen der Stetigkeit ist aber $\lim_{\Delta z \to 0} M(\Delta z) = 0$, woraus die Behauptung folgt.

2. Man zeige: Ist z_1 eine einfache Nullstelle des Nenners der Funktion

$$f(z) = \frac{g(z)}{P(z)}$$

($P(z)$ Polynom, $g(z)$ holomorph in Umgebung von z_1), so läßt sich das Residuum in z_1 wie folgt berechnen:

$$\operatorname*{Res}_{z=z_1} f(z) = \lim_{z \to z_1} (z - z_1) f(z).$$

Anleitung. Da $\frac{1}{P(z)}$ eine Partialbruchzerlegung besitzt,

$$\frac{1}{P(z)} = \frac{A}{z - z_1} + h(z),$$

wobei $h(z)$ bei z_1 holomorph ist, hat man

$$f(z) = \frac{A\,g(z)}{z - z_1} + g(z)\,h(z).$$

Da $g(z)\,h(z)$ holomorph ist, verschwindet das über einen kleinen Kreis um z_1 erstreckte Integral; für den übrigbleibenden Anteil verwenden wir die im folgenden Beispiel 3 hergeleitete Fréchetsche Formel, wobei ϱ der Radius des Kreises ist, den wir gegen Null gehen lassen können, und wobei M eine Schranke von $\varepsilon(z)$ in der Umgebung von z_1 ist:

$$\operatorname*{Res}_{z=z_1} f(z) = \frac{1}{2\pi \mathrm{i}} \oint \frac{A \cdot g(z)}{z - z_1}\,\mathrm{d}z =$$

$$= \frac{A\,g(z_1)}{2\pi \mathrm{i}} \oint \frac{\mathrm{d}z}{z - z_1} + \frac{A}{2\pi \mathrm{i}} \oint g'(z_1)\,\mathrm{d}z + \frac{A}{2\pi \mathrm{i}} \oint \varepsilon(z)\,\mathrm{d}z.$$

Da hier rechts der zweite Anteil verschwindet und der dritte absolut genommen kleiner als $A \cdot M \cdot \varrho$ ist, folgt für $\varrho \to 0$

$$\operatorname*{Res}_{z=z_1} f(z) = A \cdot g(z_1).$$

Dasselbe ergibt sich aber auch für $\lim\limits_{z \to z_1} (z - z_1)\,f(z)$.

3. Man beweise die Fréchetsche Formel (entsprechend Formel (2.13) in Band II):

$$g(z) = g(z_1) + g'(z_1)\,(z - z_1) + \varepsilon(z)\,(z - z_1)$$

und zeige, daß $\varepsilon(z)$ in der Umgebung von z_1 stetig ist, wobei $\varepsilon(z_1) = 0$. (Bemerkung: Diese Formel ersetzt beweistechnisch oft den Mittelwertsatz der Differentialrechnung, der im Komplexen nicht gilt!)

Anleitung: Setzt man

$$\varepsilon(z) \underset{\text{def}}{=} \frac{g(z) - g(z_1)}{z - z_1} - g'(z_1),$$

so folgt durch einfache Umformung schon die Fréchetsche Formel. Für $z \neq z_1$ ist $\varepsilon(z)$ stetig, soweit $g(z)$ holomorph ist, weil der Differenzenquotient dann stetig ist. Wegen der vorausgesetzten Holomorphie von $g(z)$ ist $\lim\limits_{z \to z_1} \varepsilon(z) = 0$. Damit ist schon alles bewiesen.

Übrigens ist $\varepsilon(z)$ als stetige Funktion in einer hinreichend kleinen Umgebung von z_1 beschränkt, was wir in Beispiel 2 verwendet haben.

4. Man verwende den Residuensatz zur Berechnung uneigentlicher Integrale von rationalen Funktionen, z. B.

$$\int\limits_{-\infty}^{+\infty} \frac{P(x)}{Q(x)}\,\mathrm{d}x,$$

wobei $Q(x)$ nur einfache, nicht reelle Nullstellen habe; insbesondere zeige man

$$\int_{-\infty}^{+\infty} \frac{dx}{1+x^6} = \frac{2\pi}{3}.$$

Anleitung: Für den Integrationsweg wähle man wie beim Integral (3.11) ein Stück der reellen Achse von $-R$ bis $+R$ und den Halbkreis vom Radius R in der oberen Halbebene. Falls R genügend groß ist, werden alle Nullstellen von Q im Innern dieses geschlossenen Weges enthalten sein, so daß der Residuensatz anwendbar ist. Für die Berechnung der Residuen verwendet man zweckmäßig Beispiel 2, da die Partialbruchzerlegung damit umgangen werden kann. Es ist dann noch zu untersuchen, ob das Halbkreisintegral für $R \to \infty$ gegen Null geht. In diesem Falle ist das gesuchte uneigentliche Integral gleich der Summe der Residuen in der oberen Halbebene.

Für das spezielle Integral trifft das zu, da mit $z = R(\cos\varphi + i \cdot \sin\varphi)$, $dz = R(-\sin\varphi + i \cdot \cos\varphi)\, d\varphi$ für das Halbkreisintegral folgt

$$\left| \int_{\varphi=0}^{\pi} \frac{R(-\sin\varphi + i\cos\varphi)}{1 + R^6(\cos\varphi + i\sin\varphi)^6}\, d\varphi \right| \leqq \frac{\pi R}{R^6 - 1} \quad (R > 1).$$

Die Berechnung der Residuen führe der Leser selbst durch.

5. Der Cauchysche Hauptwert eines Integrals. Für die Anwendungen spielt eine auf Cauchy zurückgehende Methode eine Rolle, die schon im Reellen erlaubt, einen endlichen Grenzwert auch für manche nach der klassischen Definition divergente Integrale einzuführen. Es sei $f(x)$ (x reell) stetig bis auf eine Singularität in x_0, $a < x_0 < b$. Man definiert dann als den Cauchyschen Hauptwert

$$H \int_a^b f(x)\, dx = \lim_{\varepsilon \to +0} \left[\int_a^{x_0 - \varepsilon} f(x)\, dx + \int_{x_0+\varepsilon}^b f(x)\, dx \right].$$

Man diskutiere als Beispiele die Integrale von -1 bis $+1$ über die Funktionen $\frac{1}{x}$ und $\frac{1}{x^2}$!

Anleitung: Man erhält

$$H \int_{-1}^{+1} \frac{dx}{x} = \lim_{\varepsilon \to +0} \left[\ln|x| \Big|_{-1}^{-\varepsilon} + \ln|x| \Big|_{\varepsilon}^{+1} \right],$$

so daß zu erkennen ist, daß der Hauptwert dieses Integrals gleich 0 ist; es folgt ferner

$$H\int\limits_{-1}^{+1}\frac{\mathrm{d}x}{x^2}=\lim_{\varepsilon\to+0}\left[-\frac{1}{x}\bigg|_{-1}^{-\varepsilon}-\frac{1}{x}\bigg|_{\varepsilon}^{1}\right];$$

hier existiert also auch der Cauchysche Hauptwert nicht.

6. Man überlege, wie man einen Cauchyschen Hauptwert mittels des Residuensatzes ermitteln kann!

Anleitung: $f(x)$ habe endlich viele einfache Pole auf der reellen Achse und endlich viele Pole in der oberen Halbebene. Es ist also zu klären, unter welchen Bedingungen z. B. $H\int\limits_{-\infty}^{+\infty} f(x)\,\mathrm{d}x$ existiert und wie man diesen Wert mittels der Residuenmethode ermitteln kann. Dazu wählen wir als geschlossenen Integrationsweg wieder einen Halbkreis in der oberen Halbebene, den wir wieder durch das Stück der reellen Achse zwischen seinen Enden zu einem geschlossenen Weg ergänzen, wobei wir hier aber die Pole auf der rellen Achse umgehen, indem wir sie auf kleinen Halbkreisen in der oberen Halbebene umlaufen (Fig. 17). Auf diesen

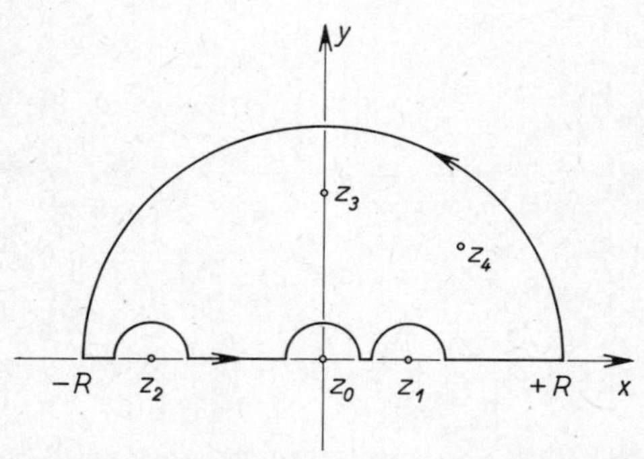

Fig. 17. Berechnung des Cauchyschen Hauptwerts

Weg C ist der Cauchysche Integralsatz anwendbar und ergibt für das Integral das 2π i-fache der Residuensumme in der oberen Halbebene. Geht nun das Halbkreisintegral gegen Null, wenn der Radius des großen Halbkreises gegen ∞ geht, so erhält man das Integral über die reelle Achse, bei der Strecken um die Pole durch Halbkreise ersetzt sind. Läßt man deren Radien gegen Null gehen, so ergibt sich für den Grenzwert dieser Teilintegrale das π i-fache des Residuums. Man erhält also

$$H \int_{-\infty}^{+\infty} f(x)\,\mathrm{d}x = 2\,\pi\,\mathrm{i} \sum\nolimits_1 - \mathrm{i}\,\pi \sum\nolimits_2 ,$$

wobei $\sum_1$ die Residuensumme der oberen Halbebene, $\sum_2$ die Summe der Residuen auf der reellen Achse ist.

Kapitel IV

POTENZREIHEN

Nach den Sätzen über die Differenzierbarkeit von Funktionen sind die Polynome in der ganzen Ebene holomorph. Es entsteht daher die Frage, wie es sich mit der Holomorphie der Potenzreihen als der naheliegenden Verallgemeinerung der Polynome verhält. Es wird sich zeigen, daß die Potenzreihen in der komplexen Funktionentheorie eine zentrale Rolle spielen. Wir erinnern zunächst an die aus Band I und II schon bekannten Sätze über Potenzreihen. Wir formulieren alle Aussagen für Reihen in der Variablen z, sie gelten aber nach einer Translation des Koordinatensystems auch für $(z - z_0)$ anstelle von z.

In Band I, Kapitel XI, haben wir bereits die wichtigsten Sätze über die Konvergenz von Potenzreihen zusammengestellt, an die hier noch einmal erinnert sei. Wir betrachten eine Potenzreihe

$$\sum_{k=0}^{\infty} a_k z^k \tag{4.1}$$

mit komplexen Koeffizienten a_k. Es gilt dann nach Satz 11.2 aus Band I das Konvergenzkriterium von Cauchy und Hadamard: Die Reihe (4.1) konvergiert für alle z mit $|z| < \varrho$ und divergiert für alle z mit $|z| > \varrho$, wobei der Konvergenzradius ϱ durch die Formel gegeben ist

$$\varrho = \frac{1}{\overline{\lim} \sqrt[k]{|a_k|}}. \tag{4.2}$$

Diese Formel ist in den Fällen $\overline{\lim} \sqrt[k]{|a_k|} = 0$ bzw. $\overline{\lim} \sqrt[k]{|a_k|} = \infty$ so zu interpretieren, daß im ersten Falle für alle z Konvergenz herrscht, im zweiten Falle nur für $z = 0$. Für die Berechnung des Konvergenzradius ϱ ist oft das Quotientenkriterium (Band I, Satz 11.3) nützlich: Falls der Grenzwert von $\left|\frac{a_{k+1}}{a_k}\right|$ existiert, ist

$$\varrho = \frac{1}{\lim\limits_{k \to \infty} \left|\frac{a_{k+1}}{a_k}\right|}. \tag{4.3}$$

Der Kreis $|z| < \varrho$ heißt der Konvergenzkreis der Reihe. Es gilt ferner: (Satz 11.5 aus Band I) Eine Potenzreihe ist für alle Werte z innerhalb des Konvergenzkreises absolut konvergent, d. h. es konvergiert für $|z| < \varrho$ auch die Reihe der absoluten Beträge,

$$\sum_{k=0}^{\infty} |a_k|\, |z|^k.$$

Daraus folgt u. a., daß sich Potenzreihen im gemeinsamen Inneren ihrer Konvergenzkreise multiplizieren lassen:

$$\left(\sum_{k=0}^{\infty} a_k z^k\right) \left(\sum_{l=0}^{\infty} b_l z^l\right) = \sum_{n=0}^{\infty} (a_0 b_n + a_1 b_{n-1} + \cdots + a_n b_0)\, z^n.$$

Es sei weiter an die Ergebnisse aus Band II, Kapitel V erinnert, wo die reelle Analysis der Potenzreihen begründet wurde. Wir müssen hier entsprechende Resultate für die Potenzreihen im Komplexen herleiten, wobei unser Hauptziel der Beweis der Holomorphie der Potenzreihen im Innern ihres Konvergenzkreises sein wird. Zunächst zeigen wir zur Vorbereitung:

Satz 4.1: Für eine Potenzreihe (4.1) gilt: Sie ist in jedem abgeschlossenen Kreis innerhalb ihres Konvergenzkreises absolut und gleichmäßig konvergent, ist also dort insbesondere gleichmäßig beschränkt und stellt eine stetige Funktion dar.

Es ist also zu beweisen: Zu jedem $r < \varrho$ und zu jedem $\varepsilon > 0$ gibt es ein N, so daß der Reihenrest

$$\left|\sum_{k=n}^{\infty} a_k z^k\right| < \varepsilon \quad \text{für} \quad |z| \leqq r$$

für jedes $n \geqq N$. Das ist die gleichmäßige Konvergenz. Die gleichmäßige Beschränktheit besagt: Es ist $\left|\sum_{k=0}^{\infty} a_k z^k\right| \leqq M$ für alle $|z| \leqq r$ für ein geeignetes $M = M(r)$.

Wir kommen nun zum Beweis von Satz 4.1. Es sei also $|z| \leqq r < \varrho$. Dann ist die Reihe

$$\sum_{k=0}^{\infty} |a_k|\, r^k$$

konvergent, wie aus dem Kriterium von Cauchy und Hadamard folgt, nach dem die Reihe $\sum_{k=0}^{\infty} |a_k|\, r^k$ für alle $r < \varrho$ konvergiert. Das beweist die absolute Konvergenz für $|z| < r$ wegen $\varrho > r$. Ferner folgt daraus sofort die gleichmäßige Beschränktheit:

$$\left|\sum_{k=0}^{\infty} a_k z^k\right| \leqq \sum_{k=0}^{\infty} |a_k|\, r^k = M(r). \tag{4.4}$$

Auch die gleichmäßige Konvergenz läßt sich daraus ersehen. Dazu ist zu beweisen: Zu jedem $\varepsilon > 0$ gibt es eine Nummer $N = N(\varepsilon)$, so daß der Reihenrest

$$\left|\sum_{n}^{\infty} a_k z^k\right| < \varepsilon$$

ist, sobald nur $n \geqq N(\varepsilon)$. Das folgt nämlich daraus, daß die Reihe eine konvergente Majorante besitzt,

$$\left|\sum_{n}^{\infty} a_k z^k\right| \leqq \sum_{n}^{\infty} |a_k|\, r^k$$

und man braucht $N(\varepsilon)$ nur so zu wählen, daß $\sum_{N(\varepsilon)}^{\infty} |a_k|\, r^k < \varepsilon$.

Die Stetigkeit der Grenzfunktion ergibt sich schließlich aus dem Band IV, Kapitel I, nach dem die Grenzfunktion einer gleichmäßig konvergenten Folge stetiger Funktionen wiederum stetig ist.

Nach diesen Vorbereitungen können wir nun beweisen:

Satz 4.2: Jede Potenzreihe ist im Inneren ihres Konvergenzkreises holomorph.

Beweis: Wir betrachten nur solche Werte von z und $z + \Delta z$, für welche es eine Zahl $r > 0$ gibt, so daß $r < \varrho$ und $|z| < r$, $|z + \Delta z| < r$; das bedeutet keine Einschränkung der Allgemeinheit. Für den Differenzenquotienten erhalten wir

$$\Phi(z, \Delta z) = \frac{f(z + \Delta z) - f(z)}{\Delta z} = \sum_{k=0}^{\infty} a_k \frac{(z + \Delta z)^k - z^k}{\Delta z}.$$

Wegen $|z| < r$ und $|z + \Delta z| < r$ ergibt die Summenformel der geometrischen Reihe

$$\left|\frac{(z+\Delta z)^k - z^k}{\Delta z}\right| = \left|\frac{(z+\Delta z)^k - z^k}{(z+\Delta z) - z}\right| =$$
$$= |(z+\Delta z)^{k-1} + (z+\Delta z)^{k-2} z + \cdots + z^{k-1}| < k \cdot r^{k-1}.$$

Es ist daher

$$\sum_{k=1}^{\infty} |a_k| \, k r^{k-1}$$

eine wegen $\overline{\lim} \sqrt[k]{|a_k| \cdot k} = \overline{\lim} \sqrt[k]{|a_k|}$ konvergente Majorante für die Reihe für $\Phi(z, \Delta z)$, die Reihe konvergiert daher gleichmäßig, und die Grenzfunktion bei festem z ist daher stetig von Δz abhängig. Also ist insbesondere

$$\lim_{\Delta z \to 0} \Phi(z, \Delta z) = \Phi(z, 0).$$

Daraus folgt die gliedweise Differenzierbarkeit und die Stetigkeit der Ableitung. Das beweist die Holomorphie von $f(z)$, da

$$\Phi(z, 0) = \lim_{\Delta z \to 0} \sum_{k=0}^{\infty} a_k \frac{(z+\Delta z)^k - z^k}{\Delta z} = \sum_{k=0}^{\infty} a_k \, k z^{k-1}.$$

Außerdem ist die Grenzfunktion stetig, die Funktion $f(z)$ also stetig differenzierbar, also holomorph im Innern des Konvergenzkreises.

Nun ist es auch leicht zu zeigen, daß eine Potenzreihe im Innern ihres Konvergenzkreises gliedweise integriert werden kann. Denn jedenfalls ist nach dem soeben bewiesenen Satz über die Holomorphie konvergenter Potenzreihen die Reihe $F(z) = \sum_{k=0}^{\infty} \frac{a_k}{k+1} z^{k+1}$, deren Konvergenzradius wegen $\overline{\lim} \sqrt[k+1]{\frac{|a_k|}{k+1}} = \overline{\lim} \sqrt[k]{|a_k|}$ derselbe ist wie der von $f(z)$, für $|z| < \varrho$ gliedweise differenzierbar, und die Ableitung ist gleich $f(z) = \sum_{k=0}^{\infty} a_k z^k$. Nach dem Fundamentalsatz der Differential- und Integralrechnung ist dann aber $F(z) = \int_0^z f(\zeta) \, d\zeta$.

Während beliebige Funktionenreihen, z. B. Fouriersche Reihen, im allgemeinen nicht gliedweise differenziert oder integriert werden dürfen, sind diese Operationen bei Potenzreihen im Inneren ihres Konvergenzkreises statthaft, und die entstehenden Reihen haben denselben Konvergenzradius. Das erleichtert das Rechnen mit Potenzreihen wesentlich. Auch an dieser Stelle sei noch einmal darauf hingewiesen, daß über das Verhalten auf dem Rande des Konvergenzkreises keine Aussagen gemacht worden sind; alle bewiesenen Sätze beziehen sich auf das Innere des Konvergenzkreises.

Eine wichtige Folgerung ist der Identitätssatz für Potenzreihen:

Wenn zwei Potenzreihen $\sum_{k=0}^{\infty} a_k z^k$ und $\sum_{k=0}^{\infty} b_k z^k$ für $|z| < R \quad (R > 0)$ konvergieren, und wenn für alle $|z| < R$ gilt

$$\sum_{k=0}^{\infty} a_k z^k = \sum_{k=0}^{\infty} b_k z^k,$$

so ist $a_n = b_n$ für alle n, d. h. die beiden Reihen sind identisch.

Beweis: Zunächst ergibt sich für $z = 0$: $a_0 = b_0$. Da beide Reihen für $|z| < R$ holomorph sind und da aus der Gleichheit der dargestellten Funktionen die Gleichheit der Ableitungen folgt, ergibt sich wieder für $z = 0$: $a_1 = b_1$. Nach n-maligem Differenzieren, was nach Satz 4.2 erlaubt ist, da alle durch Differentiation entstehenden Reihen ebenfalls für $|z| < R$ konvergieren, folgt jeweils für $z = 0$, daß $a_n = b_n$, was behauptet wurde.

Setzt man im Beweis

$$f(z) = \sum_{k=0}^{\infty} a_k z^k$$

so ergibt das n-malige Differenzieren und Einsetzen von $z = 0$ die Formel

$$f^{(n)}(0) = n!\, a_n, \tag{4.5}$$

die an die Taylorsche Reihe erinnert; man kann danach sagen, daß jede Potenzreihe die Taylorsche Reihe der durch sie dargestellten Funktion ist. Übrigens gelten alle diese Sätze natürlich auch, wenn man z durch $z - z_0$ ersetzt, also für Potenzreihenentwicklungen um den Punkt z_0.

Auf diese Weise haben wir mit einem Schlage eine große Klasse von holomorphen Funktionen gewonnen: die konvergenten Potenzreihen. Zugleich ergibt sich die Möglichkeit, die wichtigsten reellen Funktionen ins Komplexe zu übertragen: Funktionen, die im Reellen eine Potenzreihenentwicklung besitzen, sollen durch dieselbe Reihe auch im Komplexen erklärt werden. Für den Konvergenzradius erhält man wegen der Formel von Cauchy und Hadamard denselben Wert wie im Reellen

(Band I, Satz 11.2). So ergibt sich zunächst die Definition der Exponentialfunktion

(4.6)
$$e^z \underset{\text{def}}{=} \sum_{k=0}^{\infty} \frac{z^k}{k!}.$$

Die Reihe konvergiert für alle z.

Die Funktionalgleichung der Exponentialfunktion

(4.7)
$$e^{z_1} \cdot e^{z_1} = e^{z_1+z_1}$$

läßt sich wegen der absoluten Konvergenz der Potenzreihen durch Berechnung des Cauchyschen Produktes beweisen (Band I, S. 141–142). Es ergibt sich in der Tat

$$\left(\sum_{k=0}^{\infty} \frac{z_1{}^k}{k!}\right)\left(\sum_{l=0}^{\infty} \frac{z_2{}^l}{l!}\right) = \sum_{n=0}^{\infty} \frac{1}{n!}\left(z_1{}^n + \frac{n!}{(n-1)!} z_1{}^{n-1} z_2 + \right.$$

$$\left. + \frac{n!}{(n-2)!\,2} z_1{}^{n-2} z_2{}^2 + \cdots + \frac{n!}{(n-m)!\,m!} z_1{}^{n-m} z_2{}^m + \cdots + z_2^n\right) =$$

$$= \sum_{n=0}^{\infty} \frac{1}{n!}\left(z_1{}^n + \binom{n}{1} z_1{}^{n-1} z_2 + \binom{n}{2} z_1{}^{n-2} z_2{}^2 + \cdots + z_2{}^n\right) =$$

$$= \sum_{n=0}^{\infty} \frac{1}{n!}(z_1 + z_2)^n = e^{z_1+z_2}.$$

Es ist also legitim, die Exponentialfunktion auch im Komplexen durch die für alle z konvergente Reihe (4.6) zu definieren, zumal ja die elementare Bedeutung von e^z als der Zahl, die sich ergibt, wenn man e z-mal als Faktor nimmt, im Komplexen sinnlos wäre, und man also eine andere Erklärung braucht. Zur Schreibweise sei bemerkt, daß man statt e^z manchmal auch schreibt $\exp z$.

Aus (4.7) liest man für $z_1 = z$, $z_2 = -z$ ab: $e^z e^{-z} = e^0 = 1$, und daraus folgt: Die Exponentialfunktion verschwindet für kein komplexes Argument. Aus derselben Gleichung folgt noch $e^{-z} = \dfrac{1}{e^z}$.

Auch die trigonometrischen Funktionen Sinus und Kosinus lassen sich durch ihre Reihen direkt ins Komplexe übertragen:

(4.8)
$$\sin z = z - \frac{z^3}{3!} + \frac{z^5}{5!} - + \cdots = \sum_{n=0}^{\infty} \frac{(-1)^n z^{2n+1}}{(2n+1)!}$$

$$\cos z = 1 - \frac{z^2}{2!} + \frac{z^4}{4!} - + \cdots = \sum_{n=0}^{\infty} \frac{(-1)^n z^{2n}}{(2n)!} .$$

Beide Reihen konvergieren für alle z, und durch Vergleich der Reihen folgt nunmehr für beliebige komplexe z die Eulersche Formel

(4.9) $$e^{iz} = \cos z + i \sin z .$$

Im speziellen Fall, daß z reell ist, war uns diese Formel schon lange vertraut: $e^{i\varphi} = \cos \varphi + i \cdot \sin \varphi$ ist die Darstellung der komplexen Zahlen mit $|z| = 1$ durch die Polarwinkel φ, und allgemein haben wir für beliebige komplexe Zahlen z

(4.10) $$z = |z| \, e^{i\varphi}, \quad \varphi = \arg z .$$

Besonders wichtig ist auch noch, daß

(4.11) $$|e^{ix}| = 1,$$

wenn x reell.

Die Funktionalgleichungen der trigonometrischen Funktionen (die Additionstheoreme) gelten auch im Komplexen; es ist nämlich

$$\begin{aligned}\cos(z_1 + z_2) + i \sin(z_1 + z_2) &= e^{i(z_1+z_2)} = e^{iz_1} e^{iz_2} = \\ &= (\cos z_1 + i \sin z_1)(\cos z_2 + i \sin z_2) = \\ &= (\cos z_1 \cos z_2 - \sin z_1 \sin z_2) + i(\sin z_1 \cos z_2 + \sin z_2 \cos z_1)\end{aligned}$$

und

$$\begin{aligned}\cos(z_1 + z_2) - i \sin(z_1 + z_2) &= e^{-i(z_1+z_2)} = e^{-iz_1} e^{-iz_2} = \\ &= (\cos z_1 - i \sin z_1)(\cos z_2 - i \sin z_2) = \\ &= (\cos z_1 \cos z_2 - \sin z_1 \sin z_2) - i(\sin z_1 \cos z_2 + \sin z_2 \cos z_1) .\end{aligned}$$

Addition bzw. Subtraktion dieser beiden Gleichungen führt auf die Additionstheoreme[1]:

$$\begin{aligned}\cos(z_1 + z_1) &= \cos z_1 \cos z_2 - \sin z_1 \sin z_2 \\ \sin(z_1 + z_2) &= \sin z_1 \cos z_2 + \sin z_2 \cos z_1 .\end{aligned}$$

Es gelten ferner, wie man sofort aus den Reihen erkennt, auch im Komplexen die Regeln für die Ableitungen:

$$(\sin z)' = \cos z, \; (\cos z)' = - \sin z, \qquad (e^z)' = e^z .$$

Ohne tiefergehende Überlegungen anschließen zu müssen, können wir aus den Ergebnissen über Potenzreihen noch eine weitere Klasse von holomorphen Funktionen gewinnen, die sogenannten Laurentschen

[1] Man erliege nicht der Versuchung, in den vorangehenden Gleichungen Real- und Imaginärteile zu vergleichen und den Beweis dadurch zu führen! Es sind ja $\sin z_k$, $\cos z_k$ selbst komplexe Zahlen!

Reihen. Wir ersetzen in einer Potenzreihe z durch $\frac{1}{z}$.

$$\sum_{n=0}^{\infty} b_n \frac{1}{z^n},$$

und es folgt aus dem Kriterium von Cauchy und Hadamard, daß Konvergenz herrscht für alle z mit

$$\left|\frac{1}{z}\right| < \frac{1}{\overline{\lim} \sqrt[n]{|b_n|}},$$

also für

$$|z| > \overline{\lim} \sqrt[n]{|b_n|}.$$

Faßt man nun eine Reihe

$$\sum_{-\infty}^{+\infty} a_n z^n$$

auf als die Summe

$$\sum_{n=1}^{\infty} a_{-n} \frac{1}{z^n} + \sum_{n=0}^{\infty} a_n z^n,$$

so herrscht Konvergenz der ersten Reihe für $|z| > \tilde{\varrho} = \overline{\lim\limits_{n \to \infty}} \sqrt[n]{|a_{-n}|}$, und

die zweite Reihe konvergiert für $|z| < \varrho = \dfrac{1}{\overline{\lim\limits_{n \to \infty}} \sqrt[n]{|a_n|}}$.

Eine Laurentsche Reihe

$$\sum_{n=-\infty}^{+\infty} a_n z^n$$

konvergiert also bei $\tilde{\varrho} < \varrho$ in dem Ringgebiet $\tilde{\varrho} < |z| < \varrho$; sie stellt dort eine holomorphe Funktion dar, wie aus der Holomorphie der Potenzreihen im Innern ihres Konvergenzkreises folgt.

Ersetzt man schließlich z durch $z - z_0$, so folgen die entsprechenden Ergebnisse für Laurent-Reihen

$$\sum_{n=-\infty}^{+\infty} a_n (z - z_0)^n,$$

welche also i. a. in Ringgebieten um z_0 konvergieren.

Aufgaben und Beispiele

1. Welche Konvergenzradien haben die folgenden Potenzreihen

$$\text{a)} \qquad \sum_{n=0}^{\infty} \binom{n+k}{n} z^n \qquad (k > 0)$$

$$\text{b)} \qquad \sum_{n=1}^{\infty} \frac{n!}{n^n} z^{mn} \qquad (m = 1, 2, 3, \ldots)$$

Anleitung: Es empfiehlt sich stets, zunächst einmal das Quotientenkriterium zu probieren. Im ersten Falle ist es anwendbar und ergibt als Konvergenzradius $\varrho = 1$. In der Aufgabe b) kann man das Quotientenkriterium bei $m > 1$ zunächst nicht anwenden, da immer wieder Nullen als Koeffizienten auftreten. Setzt man aber zunächst $z^m = \zeta$, betrachtet also die Reihe

$$\sum_{n=1}^{\infty} a_n \zeta^n = \sum_{n=1}^{\infty} \frac{n!}{n^n} \zeta^n,$$

so ist

$$\frac{a_{n+1}}{a_n} = \frac{(n+1)!\, n^n}{(n+1)^{n+1}\, n!} = \frac{1}{\left(1 + \frac{1}{n}\right)^n},$$

so daß der Grenzwert existiert und gleich $\frac{1}{\mathrm{e}}$ ist. Es herrscht also Konvergenz für $|\zeta| < \mathrm{e}$, Divergenz für $|\zeta| > \mathrm{e}$; also ist der Konvergenzradius ϱ der Potenzreihe in z gleich $\mathrm{e}^{1/m}$.

2. Welche Funktion wird durch die Fouriersche Reihe

$$\sum_{n=0}^{\infty} \frac{1}{2^n} \cos n x \qquad (x \text{ reell})$$

dargestellt? (Bemerkung: Bei der Behandlung der Fourierschen Reihen in Band IV wurde darauf hingewiesen, daß man zwar allgemeine Formeln besitzt, durch die zu einer periodischen Funktion die Fourier-Koeffizienten bestimmt werden können, daß aber das Umkehrproblem wesentlich schwieriger zu behandeln ist, nämlich zu einer gegebenen Fourierschen Reihe die zugehörige Funktion explizit zu bestimmen. Die Überlegungen des vorliegenden Beispiels lassen sich mutatis mutandis oft dazu verwenden.)

Anleitung: Es ist

$$\sum_{n=0}^{\infty} \frac{1}{2^n} \cos n x = \operatorname{Re}\left\{\sum_{n=0}^{\infty} \frac{e^{i n x}}{2^n}\right\} = \operatorname{Re}\left\{\sum_{n=0}^{\infty} \left(\frac{e^{i x}}{2}\right)^n\right\} =$$

$$= \operatorname{Re} \frac{1}{1 - \frac{e^{i x}}{2}} = \operatorname{Re} \frac{2}{2 - \cos x - i \sin x} = \frac{4 - 2 \cos x}{5 - 4 \cos x};$$

Nebenbei ergibt sich noch:

$$\sum_{n=1}^{\infty} \frac{\sin n x}{2^n} = \frac{2 \sin x}{5 - 4 \cos x}.$$

(Man untersuche den Imaginärteil!)

3. Man berechne das Integral $\int\limits_0^{\infty} \frac{\sin x}{x} \, dx$.

Anleitung: Die Funktion $\frac{\sin x}{x}$ ist im Reellen nicht elementar integrierbar; das gesuchte uneigentliche Integral läßt sich aber im Komplexen berechnen. Da für reelle x die Funktion $\frac{\sin x}{x}$ gleich dem Imaginärteil von $\frac{e^{i x}}{x}$ ist, wird man auf die Betrachtung der Funktion $\frac{e^{i z}}{z}$ geführt; diese hat im Nullpunkt eine Singularität, und man wird daher einen Integrationsweg wählen, der den Nullpunkt vermeidet, nach einem Grenzübergang aber auf das Integral längs der reellen Achse führt. Wir wählen gemäß Figur 18 als Integrationsweg die geschlossene Kurve,

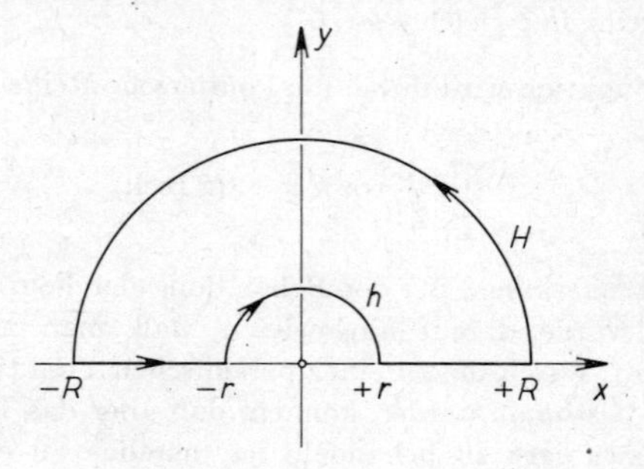

Fig. 18. Berechnung von $\int\limits_{-\infty}^{+\infty} \frac{\sin x}{x} \, dx$

bestehend aus dem positiv durchlaufenen Halbkreis H vom Radius R in der oberen Halbebene, dem negativ orientierten Halbkreis h vom Radius $r < R$ und den Verbindungsstrecken auf der reellen Achse. Die Teilintegrale längs der reellen Strecken lassen sich wegen

$$\int_{-R}^{-r} \frac{e^{iz}}{z} dz = - \int_{r}^{R} \frac{e^{-iz}}{z} dz$$

zusammenfassen:

$$\int_{-R}^{-r} \frac{e^{iz}}{z} dz + \int_{r}^{R} \frac{e^{iz}}{z} dz = \int_{r}^{R} \frac{e^{iz} - e^{-iz}}{z} dz = 2\,i \int_{r}^{R} \frac{\sin z}{z} dz.$$

Man wird also fertig sein, wenn man hier $r \to 0$, $R \to \infty$ gehen lassen kann. Da nach dem Cauchyschen Integralsatz das Integral über den geschlossenen Weg gleich Null ist, haben wir, wenn wir auf den Halbkreisen $z = Re^{i\varphi}$ bzw. $z = re^{i\varphi}$ setzen:

$$(*) \qquad 0 = 2\,i \int_{r}^{R} \frac{\sin x}{x} dx + \int_{h} \frac{e^{iz}}{z} dz + \int_{H} \frac{e^{iz}}{z} dz =$$

$$= 2\,i \int_{r}^{R} \frac{\sin x}{x} dx + i \int_{0}^{\pi} e^{(iR \cos \varphi - R \sin \varphi)} d\varphi +$$

$$+ i \int_{\pi}^{0} e^{(ir \cos \varphi - r \sin \varphi)} d\varphi.$$

Wir müssen also die Grenzwerte der Halbkreisintegrale bestimmen. Zunächst soll gezeigt werden, daß das Integral über den größeren Halbkreis für $R \to \infty$ gegen Null geht. Da $|e^{iR \cos \varphi - R \sin \varphi}| = 1$ für $\varphi = 0, \pi$, ist dieser Grenzwert nicht durch eine einfache Integralabschätzung nachzuweisen. Schließt man aber die Punkte $\varphi = 0, \pi$ und ihre Umgebungen zunächst aus, so ergibt sich für jedes δ zwischen 0 und $\frac{\pi}{2}$:

$$\left| \int_{\delta}^{\pi - \delta} e^{iR \cos \varphi}\, e^{-R \sin \varphi}\, d\varphi \right| \leqq (\pi - 2\,\delta)\, e^{-R \sin \delta}.$$

Zu jedem $\varepsilon > 0$ gibt es also ein $R(\varepsilon)$, so daß dieses Integral absolut genommen kleiner als ε ist für alle $R \geqq R(\varepsilon)$. Über δ können wir noch verfügen. Wir richten δ so ein, daß die Restintegrale $\int\limits_0^\delta$ und $\int\limits_{\pi-\delta}^{\pi}$ absolut kleiner als ε sind:

$$\left|\int\limits_0^\delta e^{iR\cos\varphi}\, e^{-R\sin\varphi}\, d\varphi\right| \leqq \delta, \quad \text{da } e^{-R\sin\varphi} \leqq 1.$$

Entsprechendes gilt für $\int\limits_{\pi-\delta}^{\pi}$; man braucht also nur $\delta = \varepsilon$ zu wählen und erhält, daß es zu jedem $\varepsilon > 0$ ein $R(\varepsilon)$ gibt, daß $\left|\int\limits_H\right| < 3\,\varepsilon$, wenn $R \geqq R(\varepsilon)$.

Es ist also in der Tat der Grenzwert für $R \to \infty$ für das Integral über H gleich 0.

Heuristisch ergibt sich für das Integral über den kleinen Halbkreis

$$\lim_{r\to 0} i \int\limits_\pi^0 e^{ir\cos\varphi - r\sin\varphi}\, d\varphi = i \int\limits_\pi^0 1 \cdot d\varphi = -i\pi,$$

wobei wir allerdings den Grenzübergang unter dem Integralzeichen ausgeführt haben, was noch begründet werden muß. Nun ist nach Majorisierung durch eine geometrische Reihe bei $r < 1$, wenn man $(-\sin\varphi + i\cos\varphi) = a$ setzt,

$$\left| i \int\limits_\pi^0 e^{-r\sin\varphi + ir\cos\varphi}\, d\varphi - (-i\pi)\right| = \left|\int\limits_0^\pi (e^{-r\sin\varphi + ir\cos\varphi} - 1)\, d\varphi\right| =$$

$$= \left|\int\limits_0^\pi (e^{ra} - 1)\, d\varphi\right| \leqq \pi \left| ra + \frac{(ra)^2}{2!} + \frac{(ra)^3}{3!} + \cdots \right| \leqq$$

$$\leqq \pi \frac{r}{1-r} \quad (\text{wegen } |a| = 1).$$

Für $r \to 0$ ergibt sich in der Tat der Grenzwert 0.

Setzt man alles in (*) ein und läßt $r \to 0$, $R \to \infty$ gehen, so folgt

$$\int\limits_0^\infty \frac{\sin x}{x}\, dx = \frac{\pi}{2}.$$

4. Man berechne für reelle $k > 0$ das Integral

$$\int\limits_{\infty}^{-\infty} \frac{\cos x\, dx}{x^2 + k^2}.$$

Anleitung: Auch dieses Integral konvergiert jedenfalls. Es ist naheliegend, zu seiner Berechnung die Funktion

$$f(z) = \frac{\mathrm{e}^{\mathrm{i}z}}{z^2 + k^2}$$

zu verwenden, deren Realteil sich für reelle $z = x$ auf den Integranden reduziert. $f(z)$ hat in der oberen Halbebene nur eine Singularität, und zwar bei $z = k\mathrm{i}$. Man wird den Residuensatz anwenden. Für das Residuum ergibt sich

$$\operatorname*{Res}_{z=\mathrm{i}k} \left\{\frac{\mathrm{e}^{\mathrm{i}z}}{z^2 + k^2}\right\} = \operatorname*{Res}_{z=\mathrm{i}k} \left\{\frac{\mathrm{e}^{\mathrm{i}z}}{2\mathrm{i}k} \left(\frac{1}{z - \mathrm{i}k} - \frac{1}{z + \mathrm{i}k}\right)\right\} =$$

$$= \operatorname*{Res}_{z=\mathrm{i}k} \left\{\frac{\mathrm{e}^{\mathrm{i}z}}{2\mathrm{i}k} \cdot \frac{1}{z - \mathrm{i}k}\right\} = \lim_{z \to \mathrm{i}k} \left\{(z - \mathrm{i}k) \frac{\mathrm{e}^{\mathrm{i}z}}{2\mathrm{i}k} \frac{1}{z - \mathrm{i}k}\right\} = \frac{\mathrm{e}^{-k}}{2\mathrm{i}k}.$$

Als Integrationsweg wählen wir bei $R > k$ den Halbkreis H vom Radius R in der oberen Halbebene und die reelle Strecke von $-R$ bis $+R$ (Figur 19). Das Integral über diese Kontur ist gleich $2\pi\mathrm{i}$ mal dem soeben berechneten Residuum, und das ergibt

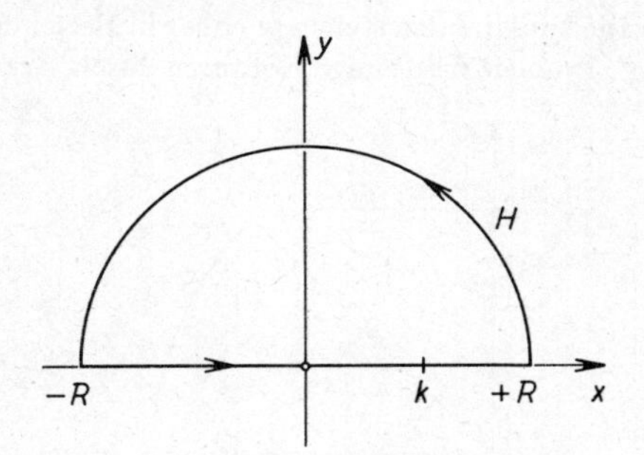

Fig. 19. Zu Beispiel 4

$$\int_{-R}^{+R} \frac{\cos x \,\mathrm{d}x}{x^2 + k^2} + \int_H \frac{\mathrm{e}^{\mathrm{i}z} \,\mathrm{d}z}{z^2 + k^2} = \frac{\pi}{k} \mathrm{e}^{-k}.$$

Das Halbkreisintegral geht für $R \to \infty$ gegen Null, wie hier einfach aus der Abschätzung Betrag des Integrals kleiner als Maximum des Integrandenbetrags mal Länge des Integrationswegs folgt:

$$\left|\int_H \right| = \left|\int_H \frac{\mathrm{e}^{\mathrm{i}R\cos\varphi}\,\mathrm{e}^{-R\sin\varphi}}{z^2 + k^2} \mathrm{d}z\right| \leqq \pi R \cdot \frac{1}{R^2 - k^2}, \qquad z = R\,\mathrm{e}^{\mathrm{i}\varphi}$$

Also ergibt sich

$$\int_{-\infty}^{+\infty} \frac{\cos x \, dx}{x^2 + k^2} = \frac{\pi}{k} e^{-k}.$$

5. Man zeige $\displaystyle\int_{-\infty}^{+\infty} \frac{x \sin x}{x^2 + k^2} dx = \pi e^{-k}$ für $k > 0$.

Anleitung: Man kann genauso wie in Beispiel 4 verfahren, wenn man

$$f(z) = \frac{z e^{iz}}{z^2 + k^2}$$

setzt.

6. In der Physik treten die sogenannten Fresnelschen Integrale auf

$$\int_0^\infty \cos t^2 \, dt = \int_0^\infty \sin t^2 \, dt = \frac{\sqrt{\pi}}{2\sqrt{2}}.$$

Man beweise diese Relationen.

Anleitung: Die Integranden stehen offenbar in Beziehung zu der Funktion $f(z) = e^{-z^2}$. Probiert man einige Konturen durch, so zeigt sich, daß in

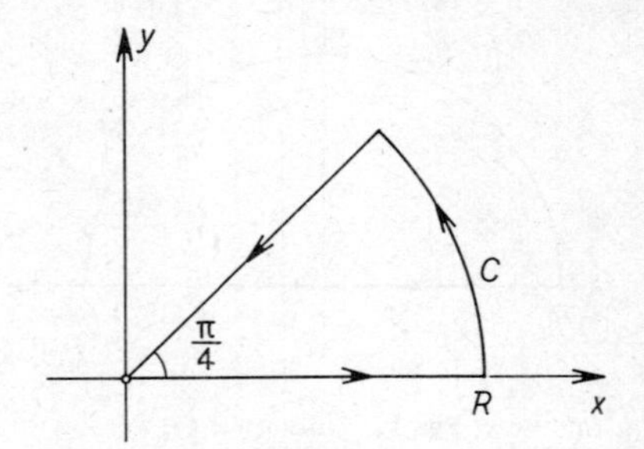

Fig. 20. Zu Beispiel 6 (Fresnelsche Integrale)

diesem Falle der in der Figur 20 angegebene Integrationsweg C Erfolg verspricht, der aus der reellen Strecke von 0 bis $R > 0$, dem Kreisbogen bis zum Strahl mit Winkel $\frac{\pi}{4}$ gegen die reelle Achse und dem in den Nullpunkt zurücklaufenden Radius besteht. Da e^{-z^2} holomorph ist, folgt

$$(*) \quad 0 = \oint_C e^{-z^2} dz = \int_0^R e^{-x^2} dx + \int_0^{\pi/4} e^{-R^2 (\cos 2\varphi + i \sin 2\varphi)} \, i R e^{i\varphi} \, d\varphi + \int_{R e^{i\pi/4}}^0 e^{-\tau^2} d\tau.$$

Beim Grenzübergang $R \to \infty$ geht das zweite Integral gegen Null, da

$$\left| \int_0^{\pi/4} e^{-R^2(\cos 2\varphi + i \sin 2\varphi)}\, i R e^{i\varphi}\, d\varphi \right| \leqq R \int_0^{\pi/4} e^{-R^2 \cos 2\varphi}\, d\varphi =$$

$$= \frac{R}{2} \int_0^{\pi/2} e^{-R^2 \sin \Phi}\, d\Phi,$$

wobei wir $2\varphi = \frac{\pi}{2} - \Phi$ gesetzt haben; verwenden wir noch

$$\sin \Phi \geqq \frac{2}{\pi} \Phi \quad \text{für} \quad 0 \leqq \Phi \leqq \frac{\pi}{2}, \text{ also}$$

$$e^{-R^2 \sin \Phi} \leqq e^{-\frac{2R^2}{\pi}\Phi}, \text{ so folgt}$$

$$\frac{R}{2} \int_0^{\pi/2} e^{-R^2 \sin \Phi}\, d\Phi \leqq \frac{R}{2} \int_0^{\pi/2} e^{-\frac{2}{\pi} R^2 \Phi}\, d\Phi = \frac{\pi}{4R}(1 - e^{-R^2}).$$

Das mittlere Integral auf der rechten Seite der Gleichung (*) geht also in der Tat für $R \to \infty$ gegen Null. Das erste Integral hat den aus Band IV bekannten Grenzwert

$$\int_0^{\infty} e^{-x^2}\, dx = \frac{\sqrt{\pi}}{2}.$$

Für das dritte Integral ergibt sich, wenn man die reelle Variable t durch

$$\tau = \frac{1+i}{\sqrt{2}}\, t$$

einführt.

$$\int_{Re^{i\pi/4}}^{0} e^{-\tau^2}\, d\tau = -\frac{1+i}{\sqrt{2}} \int_0^R e^{-it^2}\, dt = -\frac{1+i}{\sqrt{2}} \left\{ \int_0^R \cos t^2\, dt - i \int_0^R \sin t^2\, dt \right\}.$$

Trennung von Realteil und Imaginärteil gibt für $R \to \infty$ die Behauptung.

7. Man entwickle die Funktion

$$f(z) = \frac{1}{(z-2)(z-4)}$$

in den folgenden Kreisringgebieten in Laurent-Reihen:

$$\text{a) } |z-2| < 2, \qquad \text{b) } 2 < |z| < 4.$$

Anleitung: Partialbruchzerlegung ergibt

$$f(z) = \frac{1}{2(z-4)} - \frac{1}{2(z-2)}.$$

Die gesuchten Laurent-Reihen ergeben sich aus geeigneten geometrischen Reihen. Für die Entwicklung um $z = 2$ wird man $z - 2 = \zeta$ setzen und erhält

$$f(z) = \frac{1}{2(\zeta-2)} - \frac{1}{2\,\zeta} = -\frac{1}{2\,\zeta} - \frac{1}{4}\cdot\frac{1}{1-\frac{\zeta}{2}} =$$

$$= -\frac{1}{2\,\zeta} - \frac{1}{4}\sum_{n=0}^{\infty}\left(\frac{\zeta}{2}\right)^n = -\frac{1}{2(z-2)} - \frac{1}{4}\sum_{n=0}^{\infty}\frac{(z-2)^n}{2^n}.$$

Das löst Aufgabe a). Für b) folgt eine in dem angegebenen Kreisring konvergente Laurent-Reihe

$$f(z) = -\frac{1}{8}\,\frac{1}{1-\frac{z}{4}} - \frac{1}{2\,z}\cdot\frac{1}{\left(1-\frac{2}{z}\right)} =$$

$$= -\frac{1}{8}\sum_{n=0}^{\infty}\frac{z^n}{4^n} - \frac{1}{4}\sum_{n=1}^{\infty} 2^n\,z^{-n}.$$

8. Man zeige, daß

$$f(z) = \sum_{n=1}^{\infty} n z^n$$

den Konvergenzradius 1 hat, und man entwickle f^2 in eine Reihe nach Potenzen von z.

Anleitung: Daß $f(z)$ den Konvergenzradius 1 hat, folgt aus dem Kriterium von Cauchy-Hadamard oder aus dem Quotientenkriterium sofort. Das Cauchy-Produkt unserer Reihe mit sich selbst muß auch den Konvergenzradius 1 haben, und es gilt für $f^2 = \sum_{m=1}^{\infty} a_m\, z^m$

$$a_m = \sum_{k=1}^{m-1} k(m-k) = m\sum_{k=1}^{m-1} k - \sum_{k=1}^{m-1} k^2 .$$

Unter Verwendung von Summenformeln aus Band I, Kapitel I, folgt

$$a_m = \frac{(m+1)\,m\,(m-1)}{6} = \binom{m+1}{3}.$$

Ein anderer Lösungsweg, der aber nicht schneller zum Ziele führt, besteht darin, daß man bemerkt

$$f(z) = z\left(\frac{1}{1-z}\right)' = \frac{z}{(1-z)^2}$$

und daß man die quadrierte Funktion in ihre Taylorreihe entwickelt.

Kapitel V

GEOMETRISCHE EIGENSCHAFTEN HOLOMORPHER FUNKTIONEN

In diesem Kapitel wollen wir einige geometrische Eigenschaften der Abbildungen der z-Ebene in die w-Ebene untersuchen, welche durch holomorphe Funktionen vermittelt werden. Wir beschränken uns dabei zunächst auf lokale Untersuchungen, d. h. auf die Betrachtung hinreichend kleiner Holomorphiegebiete. Globale Untersuchungen, d. h. solche, die die Abbildungen im ganzen, auf der ganzen Riemannschen Zahlenkugel oder in der ganzen komplexen Zahlenebene erfassen, müssen wir auf später verschieben, sie hängen mit dem Begriff der Riemannschen Fläche zusammen, zu dessen Vorbereitung wir noch konkrete Kenntnisse über holomorphe Funktionen benötigen.

Eine Funktion $w = f(z)$ läßt sich, wie wir wissen, geometrisch deuten durch eine Abbildung eines Gebiets der z-Ebene in die w-Ebene oder, reell ausgedrückt, durch Abbildungen von Gebieten der x,y-Ebene in die u,v-Ebene. Man weiß aus Band IV, daß eine solche Abbildung in einer hinreichend kleinen Umgebung sicherlich dann umkehrbar eindeutig ist, wenn die Funktionaldeterminante von Null verschieden ist:

$$\frac{\partial(u, v)}{\partial(x, y)} \neq 0.$$

Ist $w = u + \mathrm{i}\, v$ holomorph, so läßt sich die Funktionaldeterminante mit Hilfe der Cauchy-Riemannschen DGln umformen:

$$u_x\, v_y - u_y\, v_x = u_x^2 + v_x^2 = |f'(z)|^2.$$

Es folgt also: Wenn $f'(z) \neq 0$, dann ist die Abbildung in hinreichend kleinen Gebieten, also lokal, eindeutig umkehrbar. Man bezeichnet das in der Funktionentheorie manchmal als den Satz von der Gebietstreue: Hinreichend kleine Gebiete haben Gebiete als ihre Bilder. Global gilt dieser Satz natürlich nicht, wie man schon an der für $z \neq 0$ holomorphen Funktion $w = z^2$ erkennt; für den Ringsektor in Fig. 21 erhält man als Bild wieder einen Ringsektor, der sich überlappt, so daß die Abbildung nicht umkehrbar eindeutig ist, obwohl offenbar für hinreichend kleine Umgebungen jedes Punktes die umkehrbare Eindeutigkeit gewährleistet ist.

In solchen hinreichend kleinen Gebieten existiert also die Umkehrfunktion $z = z(w)$, und man sieht sofort, daß sie zusammen mit $w = f(z)$

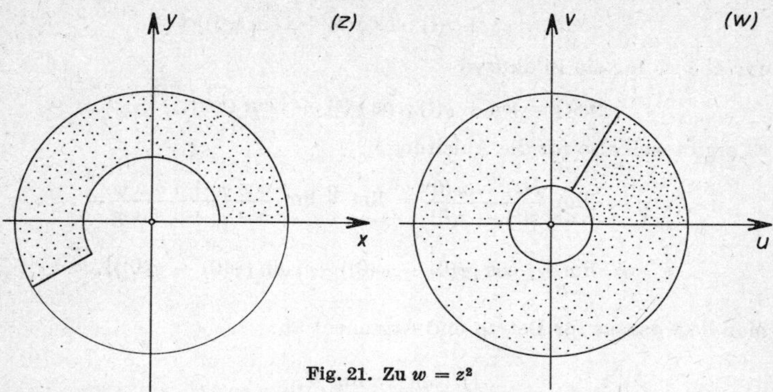

Fig. 21. Zu $w = z^2$

holomorph ist; man braucht dazu nur den Differenzenquotienten zu betrachten und seinen Grenzwert:

$$\frac{dz}{dw} = \lim_{\Delta w \to 0} \frac{\Delta z}{\Delta w} = \lim_{\Delta z \to 0} \frac{1}{\frac{\Delta w}{\Delta z}} = \frac{1}{\frac{dw}{dz}}.$$

Dies ist möglich, da in einer solchen Umgebung wegen der umkehrbaren Eindeutigkeit $\Delta w = w(z + \Delta z) - w(z) \neq 0$ für $\Delta z \neq 0$.

Besonders wichtig für die Anwendungen ist eine andere geometrische Eigenschaft der durch holomorphe Funktionen vermittelten Abbildungen, die Konformität oder Winkeltreue. Wir betrachten dazu eine Kurve

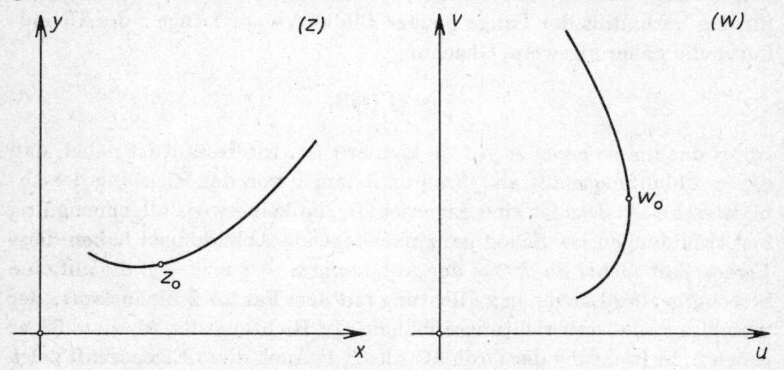

Fig. 22. Konforme Abbildung

$z(t)$ durch den Punkt $z(0) = z_0$ und ihre Bildkurve $w(t)$, $w(0) = w_0$ (Figur 22). Die Kurven mögen glatt sein, und wir beziehen sie auf den Parameter t. Wir können durch Einführung von Beträgen und Argumenten schreiben

$$z(t) = z_0 + r(t)\{\cos \varphi(t) + \mathrm{i} \sin \varphi(t)\}$$

und ebenso für die Bildkurve

$$w(t) = w_0 + \varrho(t)\{\cos \psi(t) + \mathrm{i} \sin \psi(t)\}.$$

Es ergibt sich also für die Ableitung

$$f'(z_0) = \lim_{t \to 0} \frac{w(t) - w(0)}{z(t) - z(0)} = \lim_{t \to 0} \frac{\varrho}{r} \lim_{t \to 0} \frac{\cos \psi + \mathrm{i} \sin \psi}{\cos \varphi + \mathrm{i} \sin \varphi} =$$

$$= \lim_{t \to 0} \frac{\varrho}{r} \{\cos(\psi(0) - \varphi(0)) + \mathrm{i} \sin(\psi(0) - \varphi(0))\}.$$

Man liest daraus für Betrag und Argument ab:

$$|f'(z_0)| = \lim_{t \to 0} \frac{\varrho}{r},$$

$$\arg f'(z_0) = \psi(0) - \varphi(0).$$

Die Gleichung für die Winkel gilt dabei natürlich wie immer nur bis auf Vielfache von 2π.

Aus den erhaltenen Gleichungen kann man nun interessante geometrische Eigenschaften von durch holomorphe Funktionen vermittelten Abbildungen ablesen. Zunächst erhält man aus der Gleichung

$$|f'(z_0)| = \lim \frac{\varrho}{r}$$

eine Aussage über den Abbildungsmaßstab: In der Umgebung von z_0 gilt für das Verhältnis der Länge ϱ einer Bildkurve zur Länge r der Urbildkurve die näherungsweise Gleichung

$$\frac{\varrho}{r} \approx |f'(z_0)|,$$

wobei das um so genauer gilt, je kleiner r ist. Interessant ist dabei, daß dieser Abbildungsmaßstab $|f'(z_0)|$ unabhängig von der Richtung der Urbildstrecke ist. Das ist eine Eigenschaft, die keineswegs allgemeingültig bei Abbildungen ist. Schon ganz naheliegende Abbildungen haben diese Eigenschaft nicht: So ist bei der Abbildung $u = 2x$, $v = y$, die auf eine Streckung aller Längen in x-Richtung mit dem Faktor 2 hinausläuft, der Abbildungsmaßstab richtungsabhängig. In Richtung der Abszisse ist er gleich 2, in Richtung der Ordinate gleich 1. Auch diese Eigenschaft zeigt also, eine wie starke Einschränkung die Forderung der Holomorphie bedeutet.

Die Beziehung

$$\arg f'(z_0) = \psi(0) - \varphi(0)$$

hat eine bemerkenswerte geometrische Eigenschaft zur Folge. Setzt man

$$\alpha = \arg f'(z_0)$$

und schreibt unser Ergebnis

$$\psi(0) = \varphi(0) + \alpha$$

so läßt sich sagen: Der Bildwinkel $\psi(0)$ geht aus dem Originalwinkel $\varphi(0)$ durch Addition des Winkels α hervor, der nur von z_0, aber nicht von der Richtung $\varphi(0)$ abhängig ist. Der gesamte „Kompaß" in z_0 wird also durch die Abbildung

$$w = f(z)$$

um den Winkel α gedreht (Figur 23). Daraus ergibt sich insbesondere, daß der Winkel zwischen zwei Kurven, die sich in z_0 schneiden, bei der Abbildung unverändert bleibt, da ja in beiden Fällen der Winkel gegen

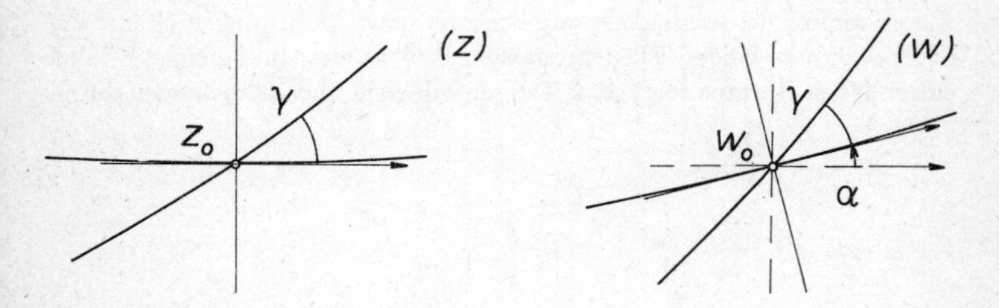

Fig. 23. Kompaßdrehung

die reelle Achse um denselben Winkel α vergrößert wird. Die durch eine holomorphe Funktion vermittelte Abbildung ist also in der Tat winkeltreu. Es gilt sogar noch etwas mehr: Alle Winkel vermehren sich um α. Die Abbildung ist gleichsinnig winkeltreu. Es gibt auch Abbildungen, die zwar winkeltreu, aber nicht gleichsinnig winkeltreu sind, z. B. $u = x$, $v = -y$, also die Spiegelung an der reellen Achse. Diese Abbildung läßt sich also sicher nicht durch eine holomorphe Funktion darstellen. In der Tat ist ihre komplexe Darstellung $w = \bar{z}$, und das ist keine holomorphe Funktion.

Aus der Winkeltreue ergeben sich mannigfache geometrische und physikalische Anwendungen der holomorphen Funktionen. Eine einfache Anwendung ergibt sich aus der Bemerkung, daß orthogonale Netze stets wieder in orthogonale Netze übergeführt werden. Insbesondere gilt das für die Koordinatennetze der rechtwinkligen cartesischen Koordinaten und der Polarkoordinaten in der z-Ebene, und aus früheren Beispielen (Kapitel I, Beispiel 1 und S. 63) ist uns diese Eigenschaft bereits vertraut. Man kann sie zur Gewinnung orthogonaler Koordinatensystem in der Ebene ausnutzen. Man vergleiche dazu die spätere Diskussion von $w = \frac{1}{2}\left(z + \frac{1}{z}\right)$.

Es ist noch von Interesse, neben der Abbildung der komplexen Zahlenebenen auch die Abbildung der zugehörigen Riemannschen Zahlenkugeln zu untersuchen. Wir werden zeigen, daß auch für die Zahlenkugeln durch eine holomorphe Funktion $w = f(z)$ eine konforme (winkeltreue) Abbildung erzeugt wird. Dazu zeigen wir zunächst, daß die stereographische Projektion (Kapitel I) selbst eine winkeltreue Abbildung zwischen Zahlenkugel und Zahlenebene induziert. Wir betrachten dazu einen festen Punkt z_0 der Zahlenebene und untersuchen alles, wie in Figur 24 angegeben, in der Ebene, die von der Achse der Zahlenkugel und dem Projektionsstrahl durch z_0 aufgespannt wird. Sowohl die Tangentialebene im zugehörigen Kugelpunkt als auch die Zahlenebene stehen auf dieser Ebene senkrecht. Aus elementargeometrischen Überlegungen (Figur 24) folgt, daß diese beiden Ebenen mit dem Projektionsstrahl gleiche Winkel einschließen. Daraus folgt, daß Tangentialebene und Zahlenebene durch

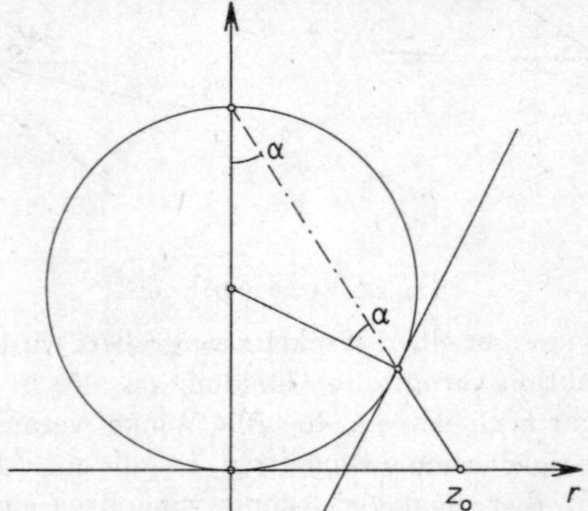

Fig. 24. Stereographische Projektion (Winkeltreue)

eine Spiegelung an einer zu dem Projektionsstrahl senkrechten Ebene ineinander übergeführt werden. Es sind also die Winkel in der Tangentialebene gleich den durch Projektion entstehenden Winkeln in der Zahlenebene. Da Winkel zwischen Kurven auf der Kugelfläche per definitionem gleich den Winkeln zwischen ihren Tangenten sind, ist die stereographische Projektion tatsächlich eine winkeltreue Abbildung zwischen Zahlenkugel und Zahlenebene. Damit folgt nun in der Tat, daß $w = f(z)$, wenn f eine holomorphe Funktion ist, eine winkeltreue Abbildung zwischen den Zahlenkugeln zu z und w induziert.

Eine berühmte Arbeit von Gauß (1822), in der die konformen Abbildungen wohl erstmals systematischer untersucht wurden, trägt den Titel

„Allgemeine Auflösung der Aufgabe, die Teile einer gegebenen Fläche ... so abzubilden, daß die Abbildung dem Abgebildeten in den kleinsten Teilen ähnlich wird“. „In den kleinsten Teilen ähnlich“ zu sein, heißt dabei in moderner Ausdrucksweise, daß Figuren durch konforme Abbildungen annähernd ähnlich abgebildet werden, und daß das um so genauer gilt, je kleiner die Figuren sind. In der Tat haben konforme Abbildungen diese Eigenschaft: Ein kleines Dreieck wird (vergleiche Figur 25) wieder in ein

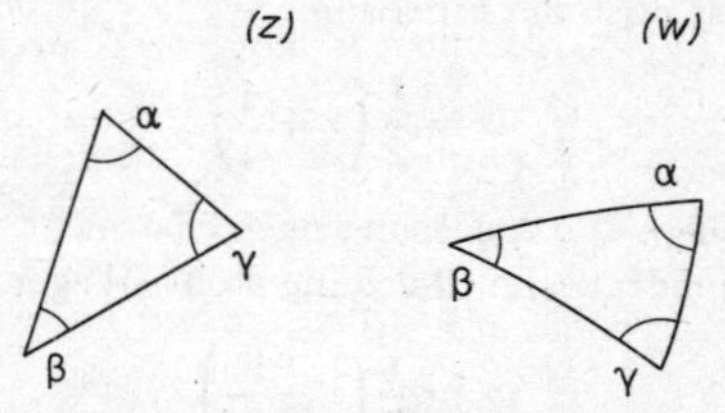

Fig. 25. Zur konformen Abbildung

kleines Dreieck, das krummlinig begrenzt sein kann, abgebildet. Dabei stimmen wegen der Konformität der Abbildung die entsprechenden Winkel in Urbild und Bild überein.

Wir wollen die erhaltenen Ergebnisse an einigen wichtigen speziellen Funktionen diskutieren. Wie im reellen Bereich, so sind auch im Komplexen die linearen Funktionen

$$w = az + b$$

besonders einfach. Hierin bedeutet b geometrisch eine Translation: Die Funktion $w = z + b$ läßt sich so deuten, daß die Koordinatenebene zu sich selbst parallel verschoben wird, so daß der Nullpunkt schließlich mit dem Punkte $w = b$ zusammenfällt. Es bleibt noch die Abbildung $w = az$ zu deuten. In Polardarstellung sei $z = re^{i\varphi}$, $a = |a|\, e^{i\alpha}$. Es ist dann $w = az = |a|\, re^{i(\varphi+\alpha)}$. Diese Abbildung ist eine „Drehstreckung“. Sie entspricht einer Drehung um den Winkel α zusammen mit einer „Streckung“ aller Längen mit dem Faktor $|a|$. Insbesondere folgt, daß die Bewegungen der Ebene in sich, also die Translationen zusammen mit den Drehungen, in komplexer Form besonders einfach darstellbar sind, nämlich durch lineare Funktionen $w = az + b$, wobei $|a| = 1$.

Die nächstliegende Verallgemeinerung der linearen Funktionen sind die gebrochen linearen Funktionen

$$w = \frac{az + b}{cz + d};$$

sie werden in den Beispielen ausführlich diskutiert.

Andere einfache Funktionen sind die Potenzen $w = z^n$ $(n = 2, 3, 4 \ldots)$, welche in der ganzen Ebene holomorph sind. Die Ableitung verschwindet nur im Nullpunkt, so daß für alle $z \neq 0$ eine konforme Abbildung vorliegt. Die Abbildung ist zwar lokal eindeutig, wie es bei $w' \neq 0$ sein muß, aber nicht global, da schon der Sektor $0 \leqq \varphi < \frac{2\pi}{n}$ als Bild die ganze z-Ebene hat (der Nullpunkt sei stets ausgeschlossen!).

Hier sei zunächst noch die Funktion

$$w = \frac{1}{2}\left(z + \frac{1}{z}\right)$$

näher zu untersuchen. Die Auflösung nach z ist nicht eindeutig möglich, da man auf eine quadratische Gleichung stößt. Wegen

$$w' = \frac{1}{2}\left(1 - \frac{1}{z^2}\right)$$

ist die Abbildung für $z \neq \pm 1$ lokal eineindeutig und konform. Mit $z = r\,\mathrm{e}^{\mathrm{i}\varphi}$ folgt:

$$w = \frac{1}{2}\left(r\mathrm{e}^{\mathrm{i}\varphi} + \frac{1}{r}\mathrm{e}^{-\mathrm{i}\varphi}\right) = \frac{1}{2}\left(r + \frac{1}{r}\right)\cos\varphi + \frac{\mathrm{i}}{2}\left(r - \frac{1}{r}\right)\sin\varphi\,.$$

Die Bilder der Kreise $r = \text{const}$ in der z-Ebene sind also Ellipsen in der w-Ebene; da die Ellipse mit den Halbachsen a, b die Parameterdarstellung $a\cos\varphi + ib\sin\varphi$ besitzt, erhalten wir für die Halbachsen hier

$$a = \frac{1}{2}\left(r + \frac{1}{r}\right), \qquad b = \frac{1}{2}\left|r - \frac{1}{r}\right|.$$

Insbesondere wird der Kreis $r = 1$ auf die doppelt durchlaufene Strecke zwischen -1 und $+1$ abgebildet. Die Kreise mit den Radien r und r^{-1} haben dieselbe Ellipse als Bild; sie wird bei $r > 1$ im positiven Sinne durchlaufen, wenn man den Kreis in der z-Ebene positiv durchläuft. Bei $r < 1$ ändert sich der Umlaufsinn, da dann $\frac{1}{r} - r > 0$ und $\sin(-\varphi) = -\sin\varphi$.

Alle Ellipsen haben übrigens die Brennpunkte $w = \pm 1$, da für die Exzentrizität $e = \sqrt{a^2 - b^2} = 1$ folgt. Die Ellipsen sind also konfokal. (Man vergleiche dazu Band III, S. 41.) Die Orthogonaltrajektorien der Kreise in der z-Ebene sind die Geraden durch 0; sie gehen also in die Orthogonaltrajektorien der konfokalen Ellipsen über, da die Abbildung winkeltreu ist. Wir wissen aus Band III, daß diese Orthognaltrajektorien die konfokalen Hyperbeln sind (Figur 26). Hier kann man das auch leicht direkt

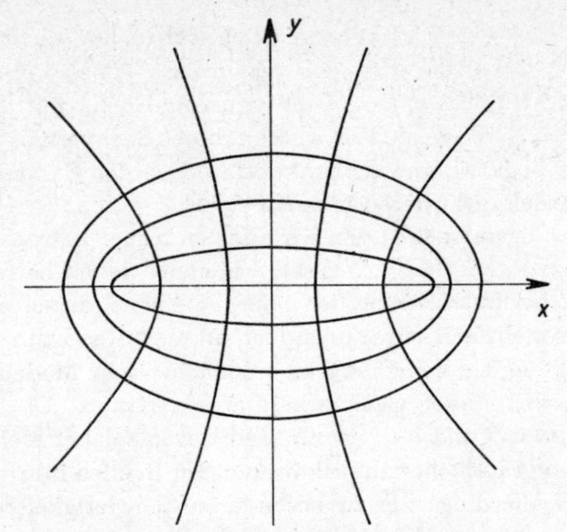

Fig. 26. Konfokale Kegelschnitte

einsehen. Da r stets positiv ist, weil wir den Nullpunkt der z-Ebene ja ausgeschlossen haben, kann man $r = e^{\psi}$ setzen (ψ reell) und erhält

$$w = \cosh \psi \cos \varphi + i \sinh \psi \sin \varphi = u + iv.$$

Bei $\varphi = \text{const}$ ist das aber die Gleichung einer Hyperbel, bezogen auf den Parameter ψ. Es ist nämlich, wenn wir den Parameter ψ in naheliegender Weise eliminieren

$$1 = \cosh^2 \psi - \sinh^2 \psi = \frac{u^2}{\cos^2 \varphi} - \frac{v^2}{\sin^2 \varphi},$$

und wegen $\cos^2 \varphi + \sin^2 \varphi = 1$ haben diese Hyperbeln ebenfalls die Brennpunkte $w = \pm 1$. So haben wir die orthogonalen elliptischen Koordinaten auf eine neue Weise erhalten.

Die hier untersuchte Abbildung spielt übrigens in der Strömungslehre eine Rolle.

Als wichtigstes Beispiel einer nichtrationalen Funktion kennen wir $w = e^z$. Man bemerkt zunächst, daß die Exponentialfunktion im Komplexen periodisch ist, sie hat die Periode $2\pi i$:

$$e^{z+2\pi i} = \left(\cos\left(\frac{z}{i} + 2\,\pi\right) + i \sin\left(\frac{z}{i} + 2\,\pi\right)\right) = \cos\frac{z}{i} + i \sin\frac{z}{i} = e^z.$$

Die durch die Exponentialfunktion vermittelte Abbildung der z-Ebene in die w-Ebene ist also sicher nicht eineindeutig. Zunächst einmal kann der Nullpunkt nie als Bildpunkt auftreten, da ja stets $e^z \neq 0$. Jeder andere Punkt der w-Ebene tritt aber unendlich viele Male als Bildpunkt auf, denn wenn $w = e^z$, so ist ja wegen der soeben bewiesenen Periodizität $w = \exp(z + 2\pi i n)$ für jede ganze Zahl n. So hat also schon der „Periodenstreifen“ $0 \leqq Im(z) < 2\pi$ die ganze w-Ebene mit Ausnahme des Nullpunkts als Bildbereich. Wir werden diesen Sachverhalt bei der Untersuchung des Logarithmus als Umkehrfunktion der Exponentialfunktion noch ausführlich diskutieren müssen.

Als Erfahrungstatsache lesen wir aus den bisher betrachteten Beispielen ab, daß zwar bei $f'(z) \neq 0$ lokale Eineindeutigkeit herrscht, daß aber global, d. h. bei Betrachtung der ganzen z-Ebene, derselbe Bildpunkt in der w-Ebene mehrfach, sogar unendlich oft auftreten kann. Das ist für die Betrachtung der Umkehrfunktionen zunächst sehr hinderlich. Aus dem Reellen ist uns dieser Sachverhalt wohlvertraut. Die Umkehrfunktionen von $y = x^2$ und $y = \sin x$ waren wegen solcher Mehrdeutigkeiten ja auch schon gründlicher zu diskutieren. Im Reellen führten diese Mehrdeutigkeiten allerdings nie zu besonderen Schwierigkeiten, weil ja am Kurvenbild in der x,y-Ebene anschaulich alles gut zu durchschauen war. Für Abbildungen zwischen z-Ebene und w-Ebene braucht man aber wegen des Fehlens einer vierdimensionalen Anschauung eine neue Idee. Diese stammt von Riemann, und wir kommen später darauf zurück.

Die große Rolle, welche die konformen Abbildungen in den Anwendungen spielen, läßt sich schon an den in Kapitel II angeführten Beispielen aus der Elektrostatik und der Strömungslehre erläutern: Da der Realteil φ einer holomorphen Funktion F ein elektrostatisches Potential darstellt, und da die Linien konstanten Imaginärteils ($\psi = \text{const}$) die zugehörigen Feldlinien sind, erhält man durch konforme Abbildung stets wieder Potentiale und Feldlinienbilder. So kann man aus einfachen Feldern durch konforme Abbildung kompliziertere gewinnen. Ähnliches gilt für Strömungen; komplizierte Stromlinienbilder lassen sich durch konforme Abbildung aus einfacheren herstellen.

Auch Aufgaben über die DGl $\Delta u = 0$ lassen sich mit Hilfe konformer Abbildungen oftmals vereinfachen. Faßt man u als Realteil einer holomorphen Funktion auf, so erhält man durch konforme Abbildung wieder holomorphe Funktionen, so daß der Realteil der neuen Funktion wieder der Potentialgleichung genügt. So werden wir in Kapitel VI noch einmal die schon in Band IV behandelte Aufgabe lösen, eine Potentialfunktion u zu finden, welche auf dem Rande des Einheitskreises vorgegebene Werte annimmt. Das läßt dann mittels konformer Abbildung auf die Lösung dieser Randwertaufgabe auch für Bereiche schließen, welche aus dem Einheitskreis durch konforme Abbildung hervorgehen.

Man wird so auf die Frage geführt, welche Bereiche durch konforme Abbildung des Einheitskreises erhalten werden können. Dieses Problem ist schon von Riemann vollständig gelöst worden: Jeder einfach zusammenhängende Bereich läßt sich umkehrbar eindeutig und konform auf das Innere des Einheitskreises abbilden; ausgenommen sind nur die ganze Ebene selbst und die ,,gelochte" Ebene, d. h. die Ebene, aus der man einen Punkt entfernt hat. Der Riemannsche Abbildungssatz hat aber nur eine – freilich interessante – theoretische Bedeutung; praktisch interessiert die wirkliche Herstellung der konformen Abbildung. Dafür geben wir im Anschluß an dieses Kapitel einige Beispiele; in Band VI soll diese Frage systematisch behandelt werden.

Aufgaben und Beispiele

1. Man zeige, daß die gebrochen-linearen Abbildungen der komplexen Ebene in sich,

$$w = \frac{az + b}{cz + d},$$

mit $ad - bc \neq 0$ eine Gruppe bilden! (Man nennt eine Menge von Abbildungen eine Gruppe, wenn folgende Eigenschaften vorliegen:

a) Die identische Abbildung, die jedem Punkt sich selbst zuordnet, gehört zur Menge,

b) Mit jeder Abbildung gehört auch die ,,Umkehrabbildung" zur Menge,

c) Schaltet man zwei Abbildungen hintereinander, so ist die zusammengesetzte Abbildung ebenfalls in der Menge enthalten.)

Anleitung: a) ist erfüllt, da $w = z$ offenbar eine gebrochen-lineare Abbildung ist. Zum Nachweis von b) lösen wir nach z auf und erhalten wieder eine gebrochen-lineare Abbildung

$$z = \frac{-dw + b}{cw - a},$$

deren Determinante $\begin{vmatrix} -d & b \\ c & -a \end{vmatrix}$ wieder wegen der Voraussetzung von Null verschieden ist.

Zum Nachweis von c nehmen wir noch eine weitere Abbildung hinzu,

$$W = W(w) = \frac{Aw + B}{Cw + D}, \quad \begin{vmatrix} A & B \\ C & D \end{vmatrix} \neq 0.$$

Die zusammengesetzte Abbildung $W = W(z)$ erhält man durch Einsetzen von $w = w(z)$ in $W(w)$:

$$W = \frac{A(az + b) + B(cz + d)}{C(az + b) + D(cz + d)} = \frac{(Aa + Bc)\,z + (Ab + Bd)}{(Ca + Dc)\,z + (Cb + Dd)}.$$

Das ist in der Tat wieder eine gebrochen-lineare Abbildung; das Nichtverschwinden der Determinante folgt aus dem Multiplikationssatz der Determinanten (Band IV).

Übrigens muß man, da die Nenner ja i. a. eine Nullstelle haben, die gebrochen-linearen Funktionen als Abbildungen der vollen Riemannschen Zahlenkugel auf sich auffassen, oder als Abbildungen der durch den Punkt ∞ ergänzten Ebene auf sich. Falls $c = 0$ ist, falls also die Abbildung linear ist, kann man ∞ als seinen eigenen Bildpunkt ansehen.

2. Man finde weitere Gruppen von Abbildungen der Ebene auf sich. Beispiele: Translationen $w = z + a$, Drehungen $w = e^{i\alpha} z$, Drehstrekkungen $w = az$. Es handelt sich hierbei um „Untergruppen" der Gruppe aus Beispiel 1.

3. Kreistreue der gebrochen-linearen Abbildungen.
Man zeige: Eine gebrochen-lineare Abbildung hat die Eigenschaft, daß die Gesamtheit der Kreise und Geraden in sich übergeführt wird, d. h. das Bild eines Kreises oder einer Geraden ist stets wieder ein Kreis oder eine Gerade. Faßt man die Geraden als Kreise durch den Punkt ∞ auf, so kann man die Aussage kurz als die Kreistreue der gebrochen-linearen Abbildungen bezeichnen.

Anleitung: Die Translationen und die Drehstreckungen haben offenbar diese Eigenschaft, so daß wir fürs weitere $c \neq 0$ voraussetzen dürfen. Wir zerlegen in diesem Falle die Abbildung

$$w = \frac{az + b}{cz + d} = \frac{a}{c} + \frac{1}{c}\,\frac{bc - ad}{cz + d}$$

in drei nacheinander auszuführende Abbildungen:

$$w_1 = cz + d, \quad w_2 = 1/w_1\,, \quad w_3 = \frac{a}{c} + \frac{bc - ad}{c}\,w_2\,.$$

Die erste und die dritte Abbildung sind kreistreu, weil es sich um Translationen und Drehstreckungen handelt. Es bleibt also nur noch nachzuweisen, daß auch die „Transformation durch reziproke Radien"

$$w_2 = 1/w_1$$

diese Eigenschaft hat. Wir setzen dazu $w_k = u_k + iv_k$ $(k = 1, 2)$; die Gleichung $w_2 = 1/w_1$ läßt sich dann in Real- und Imaginärteil zerlegen:

$$u_2 = \frac{u_1}{u_1{}^2 + v_1{}^2}\;; \qquad v_2 = \frac{-\,v_1}{u_1{}^2 + v_1{}^2}\,.$$

Damit ergibt die Gleichung

$$A(u_2{}^2 + v_2{}^2) + Bu_2 + Cv_2 + D = 0,$$

welche alle Kreise und Geraden in den reellen Variablen u_2, v_2 darstellt, durch direkte Ausrechnung,

$$D(u_1^2 + v_1^2) + Bu_1 - Cv_1 + A = 0,$$

worin genau die Kreise und Geraden in den Variablen u_1, v_1 dargestellt sind. Im einzelnen sieht man:

$A \neq 0, D \neq 0$: Kreis in w_2-Ebene, der nicht durch 0 geht; Bild in w_1-Ebene: Kreis, der nicht durch 0 geht;

$A \neq 0, D = 0$: Kreis durch 0 in w_2-Ebene; in w_1-Ebene: Gerade, die nicht durch 0 geht;

$A = 0, D \neq 0$: Gerade in w_2-Ebene, die nicht durch 0 geht; in w_1-Ebene: Kreis durch 0;

$A = 0, D = 0$: Gerade durch $w_2 = 0$; in w_1-Ebene: Gerade durch 0.

Da sich $w = f(z)$ als Hintereinanderausführung von drei Abbildungen auffassen läßt, von denen jede aus Kreisen (einschließlich der Geraden) wieder Kreise herstellt, gilt das auch für $w = f(z)$ selbst.

4. Festlegung einer gebrochen-linearen Abbildung durch drei verschiedene Punkte und ihre Bilder.

Da die allgemeine linear-gebrochene Abbildungsfunktion

$$w = \frac{az + b}{cz + d}$$

drei wesentliche Konstanten enthält (eine der Zahlen a, b, c, d kann ja durch Kürzen zu 1 gemacht werden), wird man erwarten, daß drei Gleichungen notwendig und hinreichend für die eindeutige Festlegung der Abbildung sind. Man beweise das! Präzis gefaßt lautet unsere Aufgabe: Gesucht wird eine gebrochen-lineare Abbildung $w = f(z)$, die drei vorgegebene Punkte z_1, z_2, z_3 in drei gegebene Punkte w_1, w_2, w_3 überführt. Man zeige, daß es genau eine solche Abbildung gibt, und daß für den Zusammenhang von w und z gilt

$$\frac{w - w_1}{w - w_2} \cdot \frac{w_3 - w_2}{w_3 - w_1} = \frac{z - z_1}{z - z_2} \cdot \frac{z_3 - z_2}{z_3 - z_1}.$$

Anleitung: Man überzeugt sich, etwa durch Auflösung nach w, daß die zuletzt aufgeschriebene Formel in der Tat eine gebrochen-lineare Abbildung vermittelt. Daß sie für die drei gegebenen Punktepaare das gewünschte leistet, ergibt sich durch direktes Einsetzen. Es bleibt also nur noch nachzuweisen, daß es keine andere gebrochen-lineare Abbildung gibt, welche die Punktetripel als Bilder und Urbilder hat. Sei $w = f(z)$ die eine, $w = g(\tilde{z})$ eine weitere derartige Abbildung, deren Umkehrabbildung $\tilde{z} = h(w)$ sei. Wir setzen zusammen: $\tilde{z} = h(w) = h(f(z))$. Die zusammengesetzte Abbildung muß wegen der in Beispiel 1 untersuchten Gruppeneigenschaften wieder eine gebrochen-lineare Abbildung sein. Diese führt z_1 in z_1, z_2 in z_2, z_3 in z_3 über, hat also diese drei „Fixpunkte", und wir werden sogleich zeigen, daß eine solche Abbildung nur die Identität sein kann, also $\tilde{z} = z$. Daraus folgt $g = f$.

5. Man beweise den in Beispiel 4 verwendeten Hilfssatz: Eine gebrochen-lineare Abbildung

$$w = \frac{az + b}{cz + d}$$

mit mehr als zwei Fixpunkten ist notwendigerweise die Identität $w = z$.

Anleitung: Für einen Fixpunkt z ergibt sich die Gleichung

$$z = \frac{az + b}{cz + d}$$

oder

$$cz^2 - (a - d)\,z - b = 0,$$

also eine quadratische Gleichung, die höchstens zwei Lösungen hat, falls nicht alle Koeffizienten verschwinden. Dieser Ausnahmefall $b = c = 0$, $a = d$ führt aber genau auf $w = z$.

Bemerkung: Bei der Gelegenheit sei noch untersucht, wann nur ein einziger Fixpunkt auftritt. Dies kann zunächst bei $c = 0$ eintreten, weil dann eine lineare Gleichung vorliegt, der Fixpunkt ist $z = b/(d - a)$. Bei $d = a$ (Translationen) ist ∞ einziger Fixpunkt, bei $d \neq a$ (Drehstreckung mit Translation) gibt es einen im endlichen gelegenen Fixpunkt. Falls $c \neq 0$, tritt dann und nur dann ein einziger Fixpunkt auf, wenn beide Wurzeln der quadratischen Gleichung zusammenfallen, wenn also $4\,bc + (a - d)^2 = 0$.

6. Man finde eine möglichst einfache konforme Abbildung, welche die obere z-Halbebene in das Innere des w-Einheitskreises überführt!

Anleitung: Da die Ränder der abzubildenden Gebiete Kreise sind (wenn wir die Geraden wieder mit zu den Kreisen rechnen), wird man erwarten, daß die Aufgabe von gebrochen-linearen Abbildungen gelöst werden kann. Hier können wir sogar noch drei Punkte und ihre Bilder vorgeben, wir wählen $0 \to 1$, $1 \to \mathrm{i}$, $\infty \to -1$, was natürlich erscheinen mag. Man könnte nun die Formel aus Beispiel 4 heranziehen und nach w auflösen. Aber in konkreten Fällen kommt man oft schneller zum Ziel, wenn man

$$w = \frac{az + b}{cz + d}$$

ansetzt und die a, b, c, d aus den vorgegebenen Punktepaaren bestimmt. Hier ergibt sich nach geeigneten Umformungen

$$w = \frac{\mathrm{i} - z}{\mathrm{i} + z}.$$

($z = \infty$ setzt man nach Kürzen der rechten Seite durch z ein!) Man verifiziert sofort, daß die drei gegebenen Punkte die richtigen Bildpunkte haben. Daraus folgt, daß die reelle Achse in den Einheitskreis übergeführt wird, weil ein Kreis durch drei Punkte eindeutig bestimmt ist. Es ist nur noch zu klären, ob die obere Halbebene in das Innere oder in das Äußere des Einheitskreises übergeht; durch Einsetzen von $z = \mathrm{i}$ sieht man, daß in der Tat die obere Halbebene ins Innere übergeht.

7. Man finde eine konforme Abbildung des Quadranten $x > 0$, $y > 0$ auf das Innere des Einheitskreises!

Anleitung: Die Abbildung ist durch die gestellten Forderungen nicht eindeutig bestimmt, aber das entspricht den in der Praxis auftretenden Problemen. Es genügt also, eine Abbildung zu finden, welche möglichst einfach zu wählen sein wird. Eine gebrochen-lineare Abbildung wird man hier nicht ansetzen können, denn der Rand des Einheitskreises müßte dann ja als Urbild wieder einen Kreis haben. Aber man kann die Aufgabe sofort mit Hilfe von Beispiel 6 lösen: Die Abbildung $z \to z^2$ führt den Quadranten in die obere z-Halbebene über, und für diese ziehen wir Beispiel 6 heran. Es ergibt sich

$$w = \frac{\mathrm{i} - z^2}{\mathrm{i} + z^2}$$

als eine Lösung unserer Aufgabe.

Kapitel VI

DIE INTEGRALFORMELN VON CAUCHY UND IHRE ANWENDUNGEN

In diesem Abschnitt wollen wir den Cauchyschen Integralsatz, der offenbar bei Funktionen einer komplexen Variablen eine zentrale Rolle spielt, weiter ausbauen und anwenden. Es werden sich dabei die sogenannten Cauchyschen Integralformeln ergeben, mit deren Hilfe der weitere Aufbau der Funktionentheorie dann ohne neue Formeln möglich sein wird. Es wird sich insbesondere zeigen, daß die Potenzreihen nicht nur spezielle Beispiele für holomorphe Funktionen sind, sondern daß sie in gewissem Sinne sogar die allgemeinen holomorphen Funktionen sind. Als Nebenergebnis wird sich u. a. der Fundamentalsatz der Algebra ergeben, und als ein Beispiel für die vielfältigen Anwendungen werden wir die erste Randwertaufgabe der Potentialtheorie in der Ebene auf eine andere Weise behandeln als in Band IV.

Wir beginnen mit einer Verschärfung des Integralsatzes von Cauchy. Dieser Satz besagt ja, daß $\oint_C f(z)\,dz = 0$, falls C eine doppelpunktfreie geschlossene Kurve ist, die ganz in einem einfach zusammenhängenden Holomorphiegebiet der Integrandenfunktion liegt. Wenn man diesen Satz im Reellen beweisen will, so kann man etwa so vorgehen, daß man das Kontourintegral in Realteil und Imaginärteil zerlegt und diese Integrale vermöge des Gaußschen Integralsatzes durch Gebietsintegrale (Doppelintegrale) ausdrückt, welche dann vermöge der Cauchy-Riemannschen DGln verschwinden. Die Voraussetzung der Holomorphie oder der Existenz stetiger partieller Ableitungen von u, v (falls $w = u + iv$), welche zu dem Cauchyschen Integralsatz führt, darf offenbar an einzelnen Stellen verletzt sein, da das im Gebietsintegral keine Rolle spielt, solange die Integrabilität feststeht, was z. B. durch die Forderung der Beschränktheit gesichert werden kann. Wir wollen diese Plausibilitätsbetrachtung nunmehr präzisieren.

Es sei also $\varphi(z)$ eine im einfach zusammenhängenden Gebiet G definierte Funktion, die dort mit Ausnahme des Punktes z_0 holomorph sei, aber in einer Umgebung von z_0 wenigstens beschränkt sei, d. h. $|\varphi(z)| \leqq M$. Es sei dann C eine doppelpunktfreie Kurve in G, welche z_0 im Innern enthalte, und K_ε ein hinreichend kleiner Kreis um z_0. Nach dem Cauchyschen Integralsatz gilt dann

$$\oint_C \varphi \, dz = \oint_{K_\varepsilon} \varphi \, dz.$$

Wegen der Beschränktheit von φ gilt

$$\left| \oint_{K_\varepsilon} \varphi \, dz \right| \leqq 2 \pi \varepsilon M.$$

Daraus folgt nun, da ε beliebig klein gewählt werden kann, die folgende Verallgemeinerung des Cauchyschen Integralsatzes:

Satz 6.1: Wenn $\varphi(z)$ in G mit Ausnahme des Punktes z_0 holomorph ist, in einer Umgebung von z_0 aber wenigstens beschränkt ist, so gilt für einen beliebigen doppelpunktfreien Weg in G, welcher den Punkt z_0 nicht trifft:

$$\oint_C \varphi(z) \, dz = 0.$$

Offenbar läßt sich dieser Satz sofort auf den Fall verallgemeinern, daß die Holomorphie in endlich vielen Punkten verletzt ist, daß aber in Umgebungen dieser Punkte wenigstens Beschränktheit herrscht.

Es sei nun $f(z)$ in dem einfach zusammenhängenden Gebiet G holomorph. Setzen wir

$$\varphi(z) = \frac{f(z) - f(z_0)}{z - z_0},$$

so ist φ in G holomorph, mit Ausnahme von z_0. Dort ergänzen wir die Funktion durch $\varphi(z_0) = f'(z_0)$. Dann ist wegen der vorausgesetzten Holomorphie von f die Funktion φ in der Umgebung von z_0 beschränkt. Daher folgt aus Satz 6.1

$$\oint_C \frac{f(z) - f(z_0)}{z - z_0} \, dz = 0.$$

Da das Integral

$$\oint_C \frac{f(z_0)}{z - z_0} \, dz$$

existiert, weil der Integrand auf C stetig ist, und da

$$\oint_C \frac{f(z_0)}{z - z_0} \, dz = f(z_0) \oint_C \frac{dz}{z - z_0} = 2\pi i \, f(z_0)$$

ist, folgt

$$\oint_C \frac{f(z)}{z-z_0}\,\mathrm{d}z = \oint_C \frac{f(z_0)}{z-z_0}\,\mathrm{d}z = 2\,\pi\mathrm{i}\, f(z_0).$$

Ersetzt man z_0 durch z und schreibt für die Integrationsvariable jetzt ζ, so folgt

$$f(z) = \frac{1}{2\,\pi\mathrm{i}} \oint_C \frac{f(\zeta)}{\zeta - z}\,\mathrm{d}\zeta\,.$$

Wir haben damit die Cauchysche Integralformel.

Satz 6.2: Ist C eine doppelpunktfreie Kurve im einfach zusammenhängenden Holomorphiegebiet G der Funktion $f(z)$, so gilt für alle Innenpunkte z der Kurve C die Cauchysche Integralformel

$$f(z) = \frac{1}{2\,\pi\mathrm{i}} \oint_C \frac{f(\zeta)}{\zeta - z}\,\mathrm{d}\zeta\,.$$

Die Bedeutung dieser Formel wird im folgenden klar werden. Schon jetzt aber sieht man direkt eine besonders wichtige Aussage: Eine holomorphe Funktion ist durch die Werte auf einer Kurve C schon vollständig festgelegt, d. h. es gibt höchstens eine holomorphe Funktion in G, welche auf C vorbestimmte Werte annimmt. Auch das ist wieder ein Sachverhalt, der im Reellen nicht gilt, denn bei Funktionen in der reellen Ebene lassen die Werte der Funktion auf einer geschlossenen Kurve bekanntlich keine Rückschlüsse auf die Funktionswerte in den Innenpunkten zu.

Aus der Cauchyschen Integralformel folgen nun aber auch sehr schnell wichtige weitere Formeln. Es läßt sich sofort einsehen, daß die rechte Seite der Cauchyschen Integralformel unter dem Integralzeichen nach z differenziert werden darf[1]. Daraus folgt

[1] Wir untersuchen etwa den Unterschied zwischen dem Differenzenquotienten und dem durch Differentiation unter dem Integralzeichen entstehenden Integral, wobei wir $f(z)$ und $f(z+\Delta z)$ mittels der Cauchyschen Formel umformen; dann wird alles auf den Hauptnenner gebracht:

$$\frac{f(z+\Delta z) - f(z)}{\Delta z} - \frac{1}{2\,\pi\mathrm{i}} \oint \frac{f(\zeta)}{(\zeta - z)^2}\,\mathrm{d}\zeta =$$

$$= \frac{1}{2\pi\mathrm{i}} \oint f(\zeta) \left\{ \frac{1}{\Delta z\,(\zeta - (z+\Delta z))} - \frac{1}{\Delta z\,(\zeta - z)} - \frac{1}{(\zeta - z)^2} \right\} \mathrm{d}\zeta =$$

$$= \frac{1}{2\,\pi\mathrm{i}} \oint f(\zeta) \frac{\Delta z}{(\zeta - z)^2\,(\zeta - (z+\Delta z))}\,\mathrm{d}\zeta\,.$$

Wir denken uns nun $z + \Delta z$ einem kleinen Kreis um z entnommen, dessen Minimalabstand von der Kurve C gleich m sei; ferner bezeichne L die Länge von C und M das Maximum von $|f|$ auf C. Dann ist das erhaltene Integral absolut genommen kleiner als $\frac{L\,M\cdot|\Delta z|}{2\,\pi\,m^3}$, geht also für $\Delta z \to 0$ gegen 0.

Die nachfolgenden Formeln für die höheren Ableitungen lassen sich ebenso bestätigen.

$$f'(z) = \frac{1}{2\pi i} \oint_C \frac{f(\zeta)}{(\zeta - z)^2} d\zeta,$$

und da man so fortfahren kann,

$$f^{(n)}(z) = \frac{n!}{2\pi i} \oint_C \frac{f(\zeta)}{(\zeta - z)^{n+1}} d\zeta .$$

Es sind also auch die Ableitungen von $f(z)$ durch die Randwerte bestimmt, und noch interessanter ist, daß eine holomorphe Funktion demzufolge beliebig oft differenzierbar ist. Man bezeichnet diese Gleichung allgemein als Cauchysche Integralformel für die n-te Ableitung.

Als eine erste Anwendung beweisen wir den berühmten

Satz 6.3 (Liouville): Eine in der ganzen Ebene holomorphe gleichmäßig beschränkte Funktion $f(z)$ ist konstant.

(Auch das ist wieder ein Satz, der im Reellen nicht gilt; die Funktion $y = \sin x$ ist für reelle x differenzierbar, und es gilt $|\sin x| \leqq 1$. Aber die Funktion ist offenbar nicht konstant.)

Beweis: Es ist also nach Voraussetzung $|f(z)| \leqq M$ für alle z. Es sei K_R ein Kreis vom Radius R um z; dann folgt aus der Cauchyschen Integralformel aus der einfachen Integralabschätzung (Länge des Integrationsweges mal Maximum des Integranden mindestens gleich dem Betrag des Integrals):

$$|f'(z)| = \left| \frac{1}{2\pi i} \oint_{K_R} \frac{f(\zeta)\, d\zeta}{(\zeta - z)^2} \right| \leqq \frac{M}{2\pi} \cdot \frac{2\pi R}{R^2} = \frac{M}{R} .$$

Da das für alle R (also für $R \to \infty$) und für alle z gilt, folgt für alle z: $f'(z) = 0$, also $f(z) = \text{const.}$

Als erste Anwendung des Satzes von Liouville ergibt sich nun endlich ein einfacher Beweis des Fundamentalsatzes der Algebra, den wir schon in Band I, S. 96 angekündigt haben. Wir beweisen diesen Satz sogleich für Polynome mit komplexen Koeffizienten:

Satz 6.4 (Fundamentalsatz der Algebra): Jedes Polynom

$$P_n(z) = z^n + a_{n-1} z^{n-1} + \cdots + a_1 z + a_0 \quad (n \geqq 1)$$

mit komplexen Koeffizienten a_k besitzt mindestens eine komplexe Nullstelle.

Beweis: Der Beweis soll indirekt geführt werden. Wir nehmen an, $P_n(z)$ hätte in der ganzen komplexen Ebene keine Nullstelle; dann wäre

$$f(z) = \frac{1}{P_n(z)}$$

als rationale Funktion ohne Nennernullstellen in der ganzen Ebene holomorph. Setzt man $z = \frac{1}{\tilde{z}}$, so ist

$$f(z) = f\left(\frac{1}{\tilde{z}}\right) = g(\tilde{z}) = \frac{\tilde{z}^n}{1 + a_{n-1}\tilde{z} + \cdots + a_0\tilde{z}^n}$$

eine für $\tilde{z} = 0$ stetige Funktion mit $g(0) = 0$. Wegen der Stetigkeit gibt es für $\varepsilon > 0$ ein $\varrho(\varepsilon)$, so daß $|g(\tilde{z})| < \varepsilon$ für $|\tilde{z}| < \varrho(\varepsilon)$, d. h.

$$|f(z)| < \varepsilon \quad \text{für} \quad |z| > \frac{1}{\varrho(\varepsilon)}.$$

Da $f(z)$ im Kreise $|z| \leqq \frac{1}{\varrho(\varepsilon)}$ stetig, also beschränkt ist, ist $f(z)$ in der ganzen Ebene beschränkt, also ist nach dem Liouvilleschen Satz $f(z) = \text{const}$. Daraus folgt, daß auch $P_n(z)$ konstant ist, was für Polynome von einem Grade mindestens gleich 1 nicht zutrifft. Man erhält also einen Widerspruch.

Aus dem Fundamentalsatz der Algebra, den wir damit bewiesen haben, folgt nun leicht, daß jedes Polynom sich als Produkt von Linearfaktoren darstellen läßt:

$$P_n(z) = z^n + a_{n-1} z^{n-1} + \cdots + a_1 z + a_0 = (z - z_1)(z - z_2) \cdots (z - z_n).$$

Ist nämlich z_1 die eine, nach dem Fundamentalsatz sicher existierende Nullstelle, so haben wir

$$P_n(z) = z^n + a_{n-1} z^{n-1} + \cdots + a_1 z + a_0$$

$$0 = z_1^n + a_{n-1} z_1^{n-1} + \cdots + a_1 z_1 + a_0.$$

Bildet man die Differenz gliedweise, so läßt sich aus jedem Bestandteil der Faktor $(z - z_1)$ ausklammern, und der Rest bildet ein Polynom vom Grade $n - 1$ in z:

$$P_n(z) = (z - z_1)\, P_{n-1}(z).$$

Auf dieses Polynom P_{n-1}, das nach dem Fundamentalsatz wieder mindestens eine Nullstelle hat, wenn $n - 1 \geqq 1$, kann man das Verfahren wieder anwenden, und so fort.

Als weitere Anwendung folgt noch, daß holomorphe Funktionen sich ganz allgemein lokal durch Potenzreihen darstellen lassen. Es sei $f(z)$ im Gebiet G holomorph, und z_0 sei ein Innenpunkt von G. Der Kreis $|z - z_0| < r$ liege ganz innerhalb von G. Es ist also für alle z mit $|z - z_0| < r$

$$\left|\frac{z - z_0}{\zeta - z_0}\right| < 1,$$

wenn ζ auf dem Rand des Kreises liegt, wenn also $|\zeta - z_0| = r$. Die geometrische Reihe

$$\frac{1}{\zeta - z} = \frac{1}{\zeta - z_0} \cdot \frac{1}{1 - \dfrac{z - z_0}{\zeta - z_0}} = \sum_{n=0}^{\infty} \frac{(z - z_0)^n}{(\zeta - z_0)^{n+1}}$$

konvergiert gleichmäßig bezüglich ζ, wenn z_0 und z fest sind. Da $f(\zeta)$ für $|\zeta - z_0| = r$ gleichmäßig beschränkt ist, gilt das auch für die Reihe

$$\frac{f(\zeta)}{\zeta - z} = \sum_{n=0}^{\infty} \frac{f(\zeta)}{(\zeta - z_0)^{n+1}} (z - z_0)^n .$$

Diese kann also gliedweise integriert werden[1]; wir erhalten

$$f(z) = \frac{1}{2\pi i} \oint_C \frac{f(\zeta)\,d\zeta}{\zeta - z} = \sum_{n=0}^{\infty} a_n (z - z_0)^n ,$$

wobei C den Kreis $|\zeta - z_0| = r$ bezeichnet und

$$a_n = \frac{1}{2\pi i} \oint_C \frac{f(\zeta)\,d\zeta}{(\zeta - z_0)^{n+1}} = \frac{1}{n!} f^{(n)}(z_0) .$$

Es folgt also: Jede in G holomorphe Funktion $f(z)$ läßt sich um jeden Innenpunkt z_0 von G in eine Potenzreihe entwickeln, welche in dem größten Kreis mit Mittelpunkt z_0 konvergiert, welcher noch ganz in G liegt.

Man kann das auch anders ausdrücken. In der komplexen Zahlenebene konvergiert danach jede Potenzreihe in demjenigen Kreis, der keine Singularität im Innern enthält, also sicher in jedem Kreis mit Mittelpunkt z, der noch ganz in einem Holomorphiegebiet G liegt. Die Verletzung der Holomorphie einer Potenzreihe tritt also genau für denjenigen Kreis ein, auf dessen Rand eine Singularität liegt, aber für keinen kleineren Kreis. Auch das zeigt wieder, daß die Erweiterung der Analysis ins Komplexe ein tieferes Verständnis ermöglicht. So ist es im Reellen recht merkwürdig, daß die für alle reellen x differenzierbare Funktion $\frac{1}{1 + x^2}$ zwar um den Nullpunkt in eine Potenzreihe entwickelt werden kann,

[1] Diese Tatsache sollte sich der Leser, durch Betrachtung des Reihenrests, selbst klarmachen können. Man vergleiche nötigenfalls Kapitel X, wo allgemeinere Reihenentwicklungen untersucht werden!

$$\frac{1}{1+x^2} = \sum_{n=0}^{\infty} (-1)^n x^{2n},$$

daß diese Potenzreihe aber lediglich für $|x| < 1$ konvergiert, obwohl diese Funktion an den Stellen $x = \pm 1$ keinerlei Besonderheiten aufweist. Im Komplexen allerdings treten für gewisse Stellen mit $|x| = 1$, nämlich für $x = \pm \mathrm{i}$, Singularitäten auf. Erst im Komplexen also wird das Konvergenzverhalten reeller Taylorreihen verständlich.

Die Cauchyschen Formeln gestatten nun sehr einfach, Rückschlüsse auf die Größenordnung der Koeffizienten einer konvergenten Potenzreihe zu ziehen. Ist r kleiner als der Konvergenzradius ϱ der Reihe $f(z) = \sum_{n=0}^{\infty} a_n(z-z_0)^n$, so ist die Reihe für $|z-z_0| \leqq r$ gleichmäßig beschränkt,

$$|f(z)| \leqq M.$$

Es folgt dann, wenn K_r den Kreis vom Radius r um z_0 bezeichnet,

$$|f^{(n)}(z_0)| = \left| \frac{n!}{2\pi\mathrm{i}} \oint_{K_r} \frac{f(\zeta)}{(\zeta - z_0)^{n+1}} \mathrm{d}\zeta \right| \leqq \frac{n!}{2\pi} \cdot 2\pi r \frac{M}{r^{n+1}}.$$

Wir haben damit die ebenfalls auf Cauchy zurückgehenden Formeln

$$|a_n| = \left| \frac{f^{(n)}(z_0)}{n!} \right| \leqq \frac{M}{r^n}.$$

Mit diesen Formeln kann man viele wichtige Sätze der Analysis beweisen, z. B. Sätze über die Konvergenz von Potenzreihenansätzen für Differentialgleichungen, worauf wir zurückkommen werden. Wichtig ist dabei, daß r wirklich kleiner ist als der Konvergenzradius ϱ. Für $r = \varrho$ selbst gelten die Formeln nicht, da auf dem Rande des Konvergenzkreises ja nicht einmal Konvergenz zu herrschen braucht, so daß i. a. dort keine Schranke M existiert, wie schon das Beispiel der geometrischen Reihe $\sum_{k=0}^{\infty} z^k$ zeigt.

Weitere wichtige Anwendungen der Cauchyschen Integralformeln sollen jetzt folgen.

Satz 6.5 (Mittelwertsatz von Gauß): Es sei $f(z)$ holomorph in einem Gebiet G, und der Kreis K_r vom Radius r um z_0 liege ganz in G. Dann ist der Wert $f(z_0)$ gleich dem Integralmittel der Funktionswerte auf dem Rande des Kreises,

$$f(z_0) = \frac{1}{2\pi} \int_0^{2\pi} f(z_0 + re^{i\vartheta})\,d\vartheta$$

Beweis. Die Cauchysche Integralformel

$$f(z_0) = \frac{1}{2\pi i} \oint_{K_r} \frac{f(\zeta)}{\zeta - z_0}\,d\zeta$$

ergibt mit

$$\zeta = z_0 + re^{i\vartheta}, \; |\zeta - z_0| = r$$

die Behauptung:

$$f(z_0) = \frac{1}{2\pi i} \int_0^{2\pi} \frac{f(z_0 + re^{i\vartheta})\,ire^{i\vartheta}}{re^{i\vartheta}}\,d\vartheta = \frac{1}{2\pi} \int_0^{2\pi} f(z_0 + re^{i\vartheta})\,d\vartheta.$$

Dieser Satz zeigt schon, daß der Funktionswert im Mittelpunkt des Kreies absolut nicht größer sein kann als der größte Absolutbetrag eines Randwerts. Das führt zu dem allgemeineren

Satz 6.6 (Satz vom Maximum des absoluten Betrags): Ist C eine doppelpunktfreie Kurve in einem einfach zusammenhängenden Holomorphiegebiet G von $f(z)$, so wird das Maximum von $|f(z)|$ des von C eingeschlossenen Gebietes auf C angenommen.

Beweis: Jedenfalls gibt es im Innern oder auf dem Rande des von C berandeten Gebietes Γ mindestens eine Stelle z_1, an der $|f(z)|$ das Maximum wirklich annimmt, da $|f(z)|$ eine stetige Funktion ist. Liegt z_1 auf der Kurve C, so sind wir fertig. Wir nehmen nun an, z_1 läge im Innern von C. Es sei dann K_1 der größte Kreis, der Γ nicht verläßt und der z_1 als Mittelpunkt hat. Falls $|f(z)|$ in diesem Kreis nicht konstant ist, gibt es einen Punkt z_2 innerhalb von K_1, so daß $|f(z_2)| < |f(z_1)|$, und wegen der Stetigkeit gibt es einen kleinen Kreis K_2 um z_2, in dem auch noch gilt $|f(z)| < |f(z_1)|$. K_3 bezeichne nun den Kreis mit Mittelpunkt z_1, der durch z_2 geht

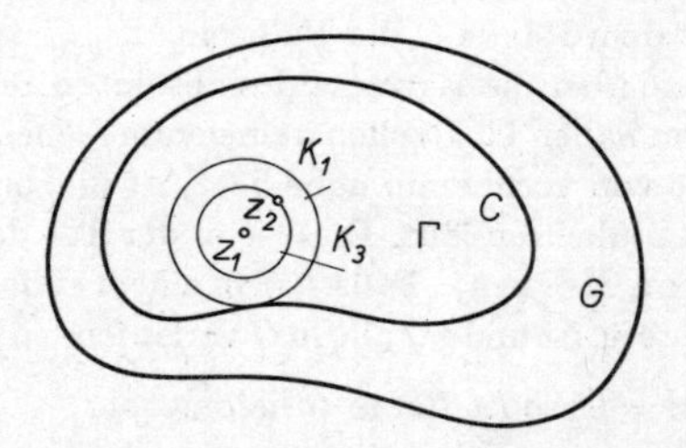

Fig. 27. Zum Beweis des Satzes vom Maximum

(Figur 27); wegen der vorausgesetzten Maximaleigenschaft von $|f(z)|$ in z_1 ist auf dem Rande von K_3 jedenfalls $|f(z)| \leqq |f(z_1)|$, und auf einem endlichen Kreisbogen, der von K_2 ausgeschnitten wird, ist sogar $|f(z)| < |f(z_1)|$. Daraus folgt, wenn r den Radius von K_3 bedeutet

$$\frac{1}{2\pi} \int_0^{2\pi} |f(z_1 + r e^{i\vartheta})| \, d\vartheta < |f(z_1)|.$$

Das aber widerspricht dem Mittelwertsatz von Gauß, Satz 6.5, nach dem hier gelten muß:

$$|f(z_1)| = \left| \frac{1}{2\pi} \int_0^{2\pi} f(z_1 + r e^{iv}) \, dv \right| \leqq \frac{1}{2\pi} \int_0^{2\pi} |f(z_1 + r e^{i\vartheta})| \, d\vartheta.$$

Es bleibt also, falls z_1 nicht auf C liegt, nur übrig, daß $|f(z)|$ für alle Punkte z von K_1 denselben Wert hat, daß also für einen sicher existierenden gemeinsamen Randpunkt z_3 von C und K_1 gilt $|f(z_3)| = |f(z_1)|$, so daß das Maximum von $|f(z)|$ also in der Tat auf dem Rande, auf C, angenommen wird. Die Existenz des gemeinsamen Randpunkts folgt daraus, daß K_1 der größtmögliche Kreis um z_1 sein sollte, der C nicht verläßt.

Analog ist der Satz vom Minimum des absoluten Betrags:

Satz 6.7: Es sei C eine doppelpunktfreie geschlossene Kurve in einem Holomorphiegebiet G der Funktion $f(z)$. Falls nicht $f(z) = 0$ für irgendeinen Punkt z innerhalb von C, so nimmt $|f(z)|$ sein Minimum auf dem Rande von C an.

Beweis: Wenn $f(z)$ im Innern von C und auf C nirgends verschwindet, ist auch $g(z) = 1/f(z)$ eine holomorphe Funktion, und nach dem Satz vom Maximum des Absolutbetrags kann diese Funktion ihr Maximum nicht im Innern annehmen. Da $f(z)$ aber in dem abgeschlossenen Gebiet, das aus der Kurve C und ihrem Innern besteht, ein Minimum annehmen muß, kann das nur auf dem Rande C der Fall sein.

Auch diese Sätze über die Extrema des absoluten Betrages einer holomorphen Funktion haben im Reellen keine entsprechenden Seitenstücke.

Eine Frage, die von vornherein nahe liegt, ist die, ob sich der Cauchysche Integralsatz umkehren läßt. Dies ist in der Tat der Fall:

Satz 6.8 (Satz von Morera): Falls $f(z)$ in einem einfach zusammenhängenden Gebiet G stetig ist und für alle in G verlaufenden geschlossenen Wege C gilt $\oint_C f(z) \, dz = 0$, so ist $f(z)$ in G holomorph.

Es wird also behauptet, daß die Bedingung der Stetigkeit zusammen mit der Wegunabhängigkeit des Integrals die Holomorphie zur Folge hat. Auch das ist im Reellen nicht der Fall. Wir kommen nun zum Beweis des Satzes von Morera. Da das Integral über geschlossene Wege stets verschwindet, ist das Integral zwischen zwei Punkten z_0 und z nicht vom Wege abhängig. Man kann also eine nur von z abhängige Funktion definieren:

$$F(z) \underset{\text{def}}{=} \int_{z_0}^{z} f(\zeta)\,\mathrm{d}\zeta .$$

Es ist nun leicht zu sehen, daß $F(z)$ differenzierbar ist und daß, wie man es aus dem Reellen erwartet, $F'(z) = f(z)$. Offenbar ist nämlich

$$\left| \frac{F(z+\Delta z) - F(z)}{\Delta z} - f(z) \right| = \left| \frac{1}{\Delta z} \int_{z}^{z+\Delta z} \{f(\zeta) - f(z)\}\, d\zeta \right| .$$

Da $f(z)$ nach Voraussetzung stetig ist, ist $|f(\zeta) - f(z)| < \varepsilon$ für $|\zeta - z| < < \delta(\varepsilon)$.
Es ist also, da man ohne Beschränkung der Allgemeinheit einen geradlinigen Integrationsweg in G wählen kann, falls Δz hinreichend klein ist,

$$\left| \frac{F(z+\Delta z) - F(z)}{\Delta z} - f(z) \right| \leqq \frac{1}{|\Delta z|} \cdot \varepsilon \cdot |\Delta z| = \varepsilon .$$

Da ε beliebig klein gewählt werden kann, ist $F(z)$ differenzierbar, und es ist $F'(z) = f(z)$. Also ist $F(z)$ holomorph; wir wissen nun aber, daß dann auch die zweite und alle weiteren Ableitungen von $F(z)$ existieren. Wegen $F''(z) = f'(z)$ ist also auch $f(z)$ holomorph. Das war zu beweisen.

Die Aussage von Satz 6.2 war, daß eine holomorphe Funktion $f(z)$ durch ihre Werte auf einer geschlossenen Kurve C auch im Innern von C vollständig festgelegt ist. Da wir wissen, daß Realteil u und Imaginärteil v von $f(z)$ Lösungen der DGl $\Delta u = 0$ bzw. $\Delta v = 0$ sind, werden wir uns fragen, ob die erste Randwertaufgabe der Potentialtheorie (Band IV, Kapitel III) sich auch mit Hilfe der Cauchyschen Integralformel behandeln läßt. Es sei also u auf dem Rande vorgegeben; damit ist aber $f(z) = u + iv$ auf dem Rande noch nicht bekannt, da wir dazu ja noch den Imaginärteil v kennen müßten; dieser läßt sich aus u mit Hilfe der Cauchy-Riemannschen DGln bestimmen, aber nur dann, wenn die partiellen Ableitungen u_x, u_y bekannt sind. Dies ist aber bei bloßer Vorgabe von u längs einer Kurve C nicht der Fall. Man wird also darauf angewiesen sein, aus der Cauchyschen Formel

$$f(z) = \frac{1}{2\pi \mathrm{i}} \oint_C \frac{f(\zeta)}{\zeta - z} \, \mathrm{d}\zeta \tag{6.1}$$

den Imaginärteil v zu eliminieren.

Das gelingt, wie wir zeigen werden, besonders leicht, wenn C ein Kreis ist.

Wir nehmen also an, C sei der Kreis vom Radius R mit dem Mittelpunkt 0. Wir ersetzen in der Formel (6.1) rechts z durch den Spiegelpunkt am Kreis, also durch den Punkt $\frac{R^2}{\bar{z}}$. Da dieser Punkt außerhalb des Kreises vom Radius R liegt, ist der Integrand im Innern und auf dem Rande des Kreises holomorph, und es ist also nach dem Cauchyschên Integralsatz

$$0 = \frac{1}{2\pi \mathrm{i}} \oint_C \frac{f(\zeta)\, \mathrm{d}\zeta}{\zeta - \frac{R^2}{\bar{z}}} \,. \tag{6.2}$$

Wir schreiben die Gleichungen (6.1) und (6.2) um, indem wir die Randwerte von f, u, v als Funktionen von ϑ auffassen, wobei $\zeta = R\mathrm{e}^{\mathrm{i}\vartheta}$ gesetzt wird. Außerdem führen wir ϑ als Integrationsveränderliche ein. Dann folgt aus den beiden Gleichungen

$$f(z) = \frac{1}{2\pi} \int_0^{2\pi} \frac{\zeta}{\zeta - z} \{u(\vartheta) + \mathrm{i}v(\vartheta)\} \, \mathrm{d}\vartheta \tag{6.3}$$

und

$$0 = \frac{1}{2\pi} \int_0^{2\pi} \frac{\zeta}{\zeta - \frac{R^2}{\bar{z}}} \{u(\vartheta) + \mathrm{i}v(\vartheta)\} \, \mathrm{d}\vartheta. \tag{6.4}$$

In der Gleichung (6.4) gehen wir zu konjugiert komplexen Werten über und berücksichtigen $R^2 = |\zeta|^2 = \zeta\bar{\zeta}$, also $\bar{\zeta} = R^2/\zeta$:

$$0 = \frac{1}{2\pi} \int_0^{2\pi} \frac{-z}{\zeta - z} \{u(\vartheta) - \mathrm{i}v(\vartheta)\} \, \mathrm{d}\vartheta. \tag{6.5}$$

Wir bilden die Differenz von (6.3) und (6.5) und erhalten

$$f(z) = \frac{1}{2\pi} \int_0^{2\pi} \frac{\zeta + z}{\zeta - z} u(\vartheta) \, \mathrm{d}\vartheta + \frac{\mathrm{i}}{2\pi} \int_0^{2\pi} v(\vartheta) \, \mathrm{d}\vartheta.$$

Hier kommt $v(\vartheta)$ nun nur noch im Imaginärteil vor; wir bilden daher den Realteil und erhalten

$$u(x, y) = \frac{1}{2\pi} \int_0^{2\pi} \mathrm{Re}\left\{\frac{\zeta + z}{\zeta - z}\right\} u(\vartheta)\, d\vartheta. \tag{6.6}$$

In dieser Formel kann man nun noch $\zeta = Re^{i\vartheta}$, $z = re^{i\varphi}$ $(r < R)$ einführen, und man erhält für $u(x, y)$ dann eine rein reelle Formel

$$u(x, y) = u(r\cos\varphi, r\sin\varphi) = \tag{6.7}$$

$$= \frac{1}{2\pi} \int_0^{2\pi} \mathrm{Re}\left\{\frac{Re^{i\vartheta} + re^{i\varphi}}{Re^{i\vartheta} - re^{i\varphi}}\right\} u(\vartheta)\, d\vartheta =$$

$$= \frac{1}{2\pi} \int_0^{2\pi} \mathrm{Re}\left\{\frac{(Re^{i\vartheta} + re^{i\varphi})\,(Re^{-i\vartheta} - re^{-i\varphi})}{(Re^{i\vartheta} - re^{i\varphi})\,(Re^{-i\vartheta} - re^{-i\varphi})}\right\} u(\vartheta)\, d\vartheta =$$

$$= \frac{1}{2\pi} \int_0^{2\pi} \mathrm{Re}\left\{\frac{R^2 - r^2 + 2\,irR\sin(\varphi - \vartheta)}{R^2 + r^2 - 2rR\cos(\varphi - \vartheta)}\right\} u(\vartheta)\, d\vartheta,$$

$$u = \frac{1}{2\pi} \int_0^{2\pi} \frac{R^2 - r^2}{R^2 + r^2 - 2\,rR\cos(\varphi - \vartheta)}\, u(\vartheta)\, d\vartheta. \tag{6.8}$$

Die Formel (6.8) heißt Poissonsches Integral; sie gibt eine Lösung der ersten Randwertaufgabe der Potentialtheorie für den Kreis.

Aus der Formel (6.6) erhält man wegen $\left|\frac{z}{\zeta}\right| < 1$ noch mit Hilfe der Reihenentwicklung

$$\mathrm{Re}\left\{\frac{\zeta + z}{\zeta - z}\right\} = \mathrm{Re}\left\{\frac{1 + \frac{z}{\zeta}}{1 - \frac{z}{\zeta}}\right\} = \mathrm{Re}\left\{1 + 2\,\frac{z}{\zeta} + 2\,\frac{z^2}{\zeta^2} + \cdots\right\}$$

eine uns schon aus Band IV bekannte Lösung der Randwertaufgabe. Da die Reihe nämlich in jedem kleineren Kreis gleichmäßig konvergiert, kann sie gliedweise integriert werden. Es ergibt sich

$$u(r\cos\varphi, r\sin\varphi) = \frac{a_0}{2} + r(a_1\cos\varphi + b_1\sin\varphi) +$$
$$+ r^2(a_2\cos 2\,\varphi + b_2\sin 2\,\varphi) + \cdots,$$

wobei

$$a_n = \frac{1}{\pi R^n} \int_0^{2\pi} u(\vartheta) \cos n\vartheta \, d\vartheta,$$

$$b_n = \frac{1}{\pi R^n} \int_0^{2\pi} u(\vartheta) \sin n\vartheta \, d\vartheta.$$

Diesen Ausdruck für die Lösung der Randwertaufgabe hatten wir früher mit Hilfe der Methode der Trennung der Veränderlichen erhalten. Er eignet sich immer dann besonders gut, wenn die Fourier-Entwicklung der Randwerte $u(\vartheta)$ bekannt ist.

Aufgaben und Beispiele

1. Man beweise das folgende Lemma von Riemann: Es sei $f(z)$ in einem Gebiet G, mit eventueller Ausnahme des Punktes z_0, holomorph, aber in einer Umgebung von z_0 beschränkt, $|f(z)| \leqq M$. Dann ist f in z_0 holomorph ergänzbar, d. h. man kann $f(z_0)$ so festsetzen, daß $f(z)$ im ganzen Gebiet G holomorph ist. (In diesem Falle nennt man z_0 auch eine hebbare Singularität.)

Anleitung: Die Gleichung

$$f(z) = \frac{1}{2\pi i} \oint \frac{f(\zeta)}{\zeta - z} d\zeta$$

gilt für alle $z \neq z_0$, wie man sieht, wenn man den Weg aus Fig. 28 betrachtet, in dessen Innern f holomorph ist, so daß der Cauchysche Inte-

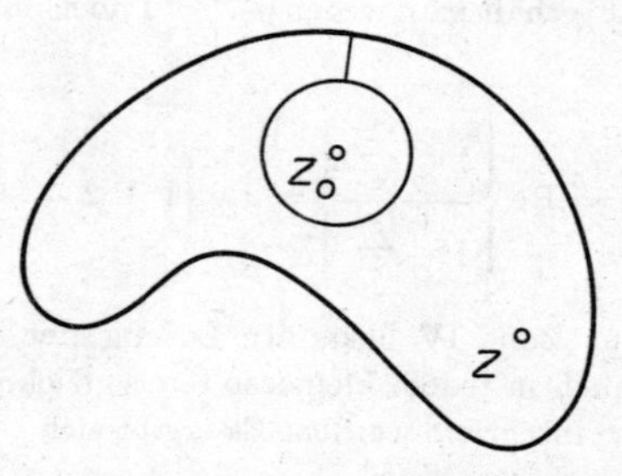

Fig. 28. Zum Beweis des Lemmas von Riemann

gralsatz anwendbar ist. Das Integral über den kleinen Kreis läßt sich nämlich wegen der Beschränktheit von f beliebig klein machen. Verwendet man das Cauchysche Integral auch für $z = z_0$ als Definition des Funktionswerts, so läßt sich die Holomorphie von $f(z)$ ganz wie im Haupttext (S. 77) beweisen.

2. Man beweise die folgende Erweiterung des Satzes von Liouville (Satz 6.3): Wächst $|f(z)|$ für eine in der ganzen Ebene holomorphe Funktion für $|z| \to \infty$ schwächer als $|z|$, so ist $f(z)$ konstant. Dabei bedeutet „schwächeres Wachsen", daß $\lim\limits_{z \to \infty} \left| \frac{f(z)}{z} \right| = 0$.

Anleitung: Der Beweis zu Satz 6.3 läßt sich auf diesen Fall ausdehnen.
Bemerkung: Es gibt also z. B. keine holomorphe Funktion, welche sich für große $|z|$ wie $|z|^{1/2}$ oder wie $\log |z|$ verhält.

3. $f(z)$ sei in eine in einem Kreisring um z_0 konvergente Laurent-Reihe entwickelbar

$$f(z) = \sum_{k=-\infty}^{\infty} a_k (z - z_0)^k .$$

Man zeige, daß für alle ganzzahligen k gilt

$$a_k = \frac{1}{2\pi i} \oint_C \frac{f(\zeta)\, d\zeta}{(\zeta - z_0)^{k+1}} ,$$

wenn C eine im Ringgebiet verlaufende einfach geschlossene Kurve ist.

Anleitung: Für Potenzreihen ist diese Formel im Haupttext bewiesen worden. Wir brauchen nur noch den „Hauptteil" der Laurentreihe, also den Anteil mit negativen k, zu betrachten,

$$H(z) = \frac{a_{-1}}{(z - z_0)} + \frac{a_{-2}}{(z - z_0)^2} + \frac{a_{-3}}{(z - z_0)^3} + \cdots$$

welcher für $|z - z_0| > \tilde{\varrho}$ konvergiert. Die Konvergenz ist außerhalb jedes größeren Kreises, also für $|z - z_0| \geqq q > \tilde{\varrho}$ gleichmäßig (vgl. die Überlegungen am Ende von Kapitel IV); daher ist gliedweise Integration längs C statthaft, da auch $(z - z_0)^{n-1} H(z)$ gleichmäßig konvergiert, und das führt wegen

$$(z - z_0)^{n-1} H(z) = a_{-1}(z - z_0)^{n-2} + \cdots + a_{-(n-1)} + \frac{a_{-n}}{z - z_0} + \cdots$$

auf

$$\oint_C (z - z_0)^{n-1} H(z)\, dz = a_{-n}\, 2\pi i .$$

für $k = -n$ folgt die Behauptung.

4. Ist z_0 eine isolierte singuläre Stelle von $f(z)$, gilt also

$$f(z) = \sum_{k=-\infty}^{+\infty} a_k(z - z_0)^k, \quad 0 < |z - z_0| < \varrho,$$

so ist

$$\operatorname*{Res}_{z=z_0} f(z) = a_{-1}.$$

Anleitung: Da das Residuum durch den Wert des Integrals $\frac{1}{2\pi i}\oint_C f(\zeta)\,d\zeta$ um irgendeine einfach geschlossene Kurve C mit z_0 als Innenpunkt definiert war, ergibt sich das sofort aus Beispiel 3. Man kann also, falls die Laurent-Entwicklung um den gegebenen Punkt bekannt ist, das Residuum sofort daraus ablesen.

5. Man beweise: Ist z_0 ein Pol n-ter Ordnung der Funktion $f(z)$, so gilt für das Residuum

$$\operatorname*{Res}_{z=z_0} f(z) = \frac{1}{(n-1)!} \lim_{z \to z_0} \left\{ \frac{d^{n-1}}{dz^{n-1}} \Big((z - z_0)^n f(z) \Big) \right\}.$$

Anleitung: Da nach Voraussetzung

$$(z - z_0)^n f(z) = a_{-n} + a_{-n+1}(z - z_0) + \cdots + a_{-1}(z - z_0)^{n-1} +$$
$$+ a_0(z - z_0)^n + \cdots,$$

folgt die Behauptung durch $n-1$-maliges Differenzieren. Man verwende dabei das Ergebnis von Beispiel 4, nach dem das Residuum gleich a_{-1} ist. Übrigens erhalten wir für $n = 1$ die längst bekannte Methode zur Berechnung des Residuums.

6. Distributionen als Randverteilungen holomorpher Funktionen. Man zeige, daß jede 2π-periodische Distribution

$$d(\varphi) = \frac{a_0}{2} + \sum_{n=1}^{\infty} a_n \cos n\varphi + b_n \sin n\varphi$$

in folgendem Sinne als Randverteilung des Realteils $u(x, y)$ einer innerhalb des Einheitskreises holomorphen Funktion $f(z)$ aufgefaßt werden kann:
$u(r\cos\varphi, r\sin\varphi)$ $(r < 1)$ konvergiert für $r \to 1$ im Sinne der Distributionstheorie gegen $d(\varphi)$.

Anleitung: Wir erinnern zunächst an die in Band IV, Kapitel II, eingeführten Begriffe. Danach ist eine 2π-periodische Distribution identisch mit einer (nicht notwendig im gewöhnlichen Sinne konvergenten) Reihe

$$d(\varphi) = \frac{a_0}{2} + \sum a_n \cos n\,\varphi + b_n \sin n\,\varphi,$$

für die es eine Konstante M und eine feste ganze Zahl k gibt, so daß

$$|a_n| \leqq M \cdot n^k, \; |b_n| \leqq M \cdot n^k.$$

Für $0 \leqq r < 1$ ist die folgende Reihe dann aber konvergent:

$$u(r\cos\varphi, r\sin\varphi) = \frac{a_0}{2} + \sum_{n=1}^{\infty} r^n (a_n \cos n\,\varphi + b_n \sin n\,\varphi).$$

Die Konvergenz folgt daraus, daß die Reihe die Majorante hat

$$2M \sum_{n=1}^{\infty} r^n n^k$$

deren Konvergenz aus dem Wurzelkriterium oder noch einfacher aus dem Quotientenkriterium wegen $r < 1$ folgt. Für $r < 1$ läßt sich u aber als Realteil einer holomorphen Funktion auffassen, da $\Delta u = 0$ gilt, wie aus den Überlegungen zur ersten Randwertaufgabe der Potentialtheorie folgt.

7. Die δ-Funktion als Randverteilung. Im Anschluß an Beispiel 6 finde man eine im Einheitskreis holomorphe Funktion $f(z)$, deren Realteil auf dem Rande ($z = e^{i\varphi}$) gleich der Deltafunktion ist.

Anleitung: Wir kennen die Fourier-Entwicklung (Band IV, Kapitel II)

$$\delta(\varphi) = \frac{1}{2\pi} + \frac{1}{\pi} \sum_{n=1}^{\infty} \cos n\varphi,$$

so daß also für den gesuchten Realteil gilt (bei $z = re^{i\varphi}$)

$$u(r\cos\varphi, r\sin\varphi) = \frac{1}{2\pi} + \frac{1}{\pi} \sum_{n=1}^{\infty} r^n \cos n\varphi =$$

$$= \frac{1}{2\pi} + \frac{1}{\pi} \operatorname{Re}\left(\sum_{n=1}^{\infty} z^n\right) = \frac{1}{2\pi} + \frac{1}{\pi} \operatorname{Re}\left(\frac{z}{1-z}\right) = \operatorname{Re} \frac{1}{2\pi}\left(\frac{1+z}{1-z}\right).$$

Die gesuchte komplexe Funktion ist also (bis auf eine additive rein imaginäre Konstante)

$$f(z) = \frac{1}{2\pi} \cdot \frac{1+z}{1-z}.$$

Bemerkung: Es besteht ein Zusammenhang mit den auf das Poissonsche Integral führenden Überlegungen, u. a. mit den Formeln (6.6) bis (6.8)!

Kapitel VII

ANALYTISCHE FORTSETZUNG

Wir wissen jetzt, daß jede holomorphe Funktion sich lokal, d. h. in kleinen Kreisscheiben, durch Potenzreihen darstellen läßt, wenn die Funktion im Kreismittelpunkt z_0 differenzierbar ist. Die Reihenentwicklung konvergiert im Innern desjenigen Kreises mit Mittelpunkt z_0, in dessen Innern die Funktion holomorph ist und auf dessen Rand sie mindestens einen singulären Punkt besitzt. Im einfachen Beispiel der Funktion

$$f(z) = \frac{1}{1-z}$$

bedeutet das z. B. für $z_0 = 0$, daß die Entwicklung in die geometrische Reihe, $f(z) = 1 + z + z^2 + z^3 + \cdots$, für alle z mit $|z| < 1$ und nur für diese gilt. Wie wir wissen, gibt es aber auch um alle anderen Punkte z_0 Potenzreihenentwicklungen, die immer innerhalb desjenigen Kreises um z_0 konvergieren müssen, welcher durch $z = 1$ geht. So ergibt sich etwa als Potenzreihenentwicklung um $z_0 = \mathrm{i}$

$$\frac{1}{1-z} = \frac{1}{(1-\mathrm{i})-(z-\mathrm{i})} = \frac{1}{1-\mathrm{i}} \cdot \frac{1}{1-\dfrac{z-\mathrm{i}}{1-\mathrm{i}}} =$$

$$= \frac{1}{1-\mathrm{i}} + \frac{z-\mathrm{i}}{(1-\mathrm{i})^2} + \frac{(z-\mathrm{i})^2}{(1-\mathrm{i})^3} + \cdots .$$

Wir stellen jetzt die umgekehrte Frage: Es sei von einer holomorphen Funktion die Potenzreihenentwicklung um einen Punkt z_0 bekannt,

$$f(z) = \sum_{n=0}^{\infty} a_n (z - z_0)^n.$$

Im allgemeinen wird es nun wie im soeben betrachteten Beispiel so sein, daß $f(z)$ als holomorphe Funktion auch noch außerhalb des Konvergenzkreises dieser Reihe existiert. Ist z_1 beispielweise ein Punkt im Konvergenzkreis der Reihenentwicklung um z_0, so kann man $f(z)$ auch in eine Taylorreihe um z_1 entwickeln,

$$f(z) = \sum_{n=0}^{\infty} b_n (z - z_1)^n,$$

wobei

$$b_n = \frac{f^{(n)}(z_1)}{n!}.$$

Die Reihe konvergiert wieder in dem größten Kreis, der im Innern keine Singularität enthält. Dieser kann über den Rand des Kreises um z_0 hinausragen, wie es bei der Entwicklung von $\frac{1}{1-z}$ um $z = i$ tatsächlich zutraf. Wir können dann sagen, daß die Entwicklung der ursprünglich durch eine Potenzreihe um z_0 gegebenen Funktion um den Punkt z_1 eine analytische Fortsetzung der ersten Potenzreihe ist, denn $f(z)$ ist dadurch jetzt in einem Gebiet dargestellt, für das die erste Potenzreihe nicht galt (Figur 29).

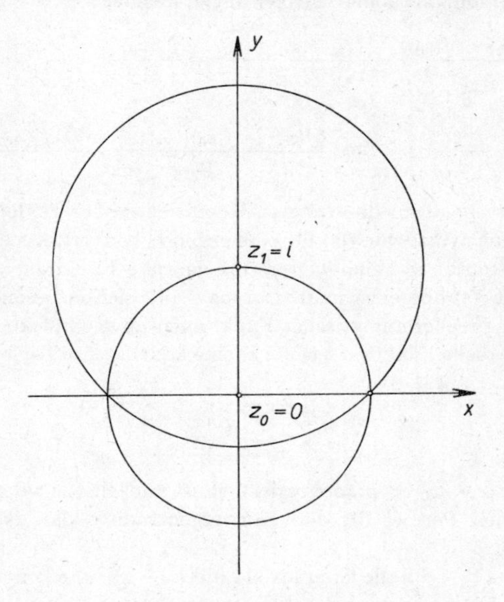

Fig. 29. Analytische Fortsetzung

Man sagt auch, daß eine Reihenentwicklung um einen Punkt ein Funktionselement von $f(z)$ sei, weil es sich dabei um ein Element, einen Baustein, für den Aufbau der gesamten Funktion handelt. Zur Konstruktion eines Funktionselements reicht es hin, wenn wir die Ableitungen von $f(z)$ im Mittelpunkt z_0 des Kreises kennen. Dazu ist es nun nicht erforderlich, $f(z)$ im ganzen Kreis zu kennen. Ist $z_1, z_2, \ldots, z_n, \ldots$ eine Folge, welche gegen z_0 konvergiert, und sind die Werte der holomorphen Funktion $f(z)$

in diesen Punkten gegeben, so lassen sich $f(z_0)$ und alle Ableitungen in z_0 berechnen:

$$f(z_0) = \lim_{n\to\infty} f(z_n)$$

$$f'(z_0) = \lim_{n\to\infty} \frac{f(z_n) - f(z_0)}{z_n - z_0}.$$

Allgemein ist wegen

$$f(z_n) = \sum_{k=0}^{\infty} \frac{f^{(k)}(z_0)}{k!} (z_n - z_0)^k$$

die Berechnung der höheren Ableitungen möglich:

$$\frac{\{f(z_n) - f(z_0)\} - (z_n - z_0) f'(z_0)}{(z_n - z_0)^2} = \frac{f''(z_0)}{2!} + (z_n - z_0) \{\cdots\}$$

gibt

$$\frac{f''(z_0)}{2!} = \lim_{z_n\to z_0} \frac{\{f(z_n) - f(z_0)\} - (z_n - z_0) f'(z_0)}{(z_n - z_0)^2},$$

und entsprechend für die weiteren Koeffizienten der Taylorentwicklung. Sind also die Werte von $f(z)$ für eine gegen z_0 konvergierende Punktfolge bekannt, so gibt es keine weitere holomorphe Funktion, die an diesen Stellen mit $f(z)$ übereinstimmt. Daraus ergibt sich insbesondere, daß die Fortsetzung reeller analytischer Funktionen ins Komplexe eindeutig ist. Besitzt die reelle Funktion $f(x)$ um x_0 eine konvergente Taylorentwicklung

$$f(x) = \sum_{n=0}^{\infty} a_n (x - x_0)^n,$$

welche für $|x - x_0| < \varrho$ konvergiert, so ist zunächst aus der Cauchy-Hadamardschen Formel für den Konvergenzradius klar, daß die Reihe $\sum_{n=0}^{\infty} a_n (z - x_0)^n$ für alle komplexen z mit $|z - x_0| < \varrho$ konvergiert. Nach dem soeben Bewiesenen ist diese Reihe aber auch wirklich die einzige holomorphe Funktion in diesem Konvergenzkreis, welche auf dem Stück der reellen Achse mit $f(x)$ übereinstimmt. Denn die Funktion ist durch Festlegung auf einer reellen Strecke eindeutig bestimmt, weil sie dadurch ja erst recht auf einer konvergenten Punktfolge festgelegt ist. Das rechtfertigt erneut die Erweiterung von Funktionen wie e^x, $\sin x$, $\cos x$ ins Komplexe, die wir vorgenommen hatten, indem wir die Reihenentwicklungen zur Definition für alle z gewählt hatten.

Unsere Überlegungen erlauben nun, Funktionalgleichungen reeller analytischer Funktionen auf sehr bequeme Weise ins Komplexe zu übertragen. Als Beispiel beweisen wir (auf anderem Wege als früher) das Additionstheorem des Sinus. Wir betrachten für ein beliebiges reelles x_0 die Funktion

$$f(z) = \sin(z + x_0) - \sin z \cos x_0 - \cos z \sin x_0 .$$

Diese ist offenbar für alle z holomorph, und wegen des Additionstheorems im Reellen verschwindet sie für alle reellen z. Dann gilt aber wegen der Eindeutigkeit der analytischen Fortsetzung $f(z) = 0$ für alle komplexen z. Damit ist das Additionstheorem bewiesen, wenn einer der Summanden z_1, z_2 in $\sin(z_1 + z_2)$ reell ist. Um das Additionstheorem in voller Allgemeinheit zu erhalten, betrachten wir jetzt die wieder für alle z holomorphe Funktion

$$g(z) = \sin(z_1 + z) - \sin z_1 \cos z - \cos z_1 \sin z ,$$

welche nach dem soeben Bewiesenen für alle reellen z verschwindet, also wieder für alle komplexen $z = z_2$. Nach dieser Methode lassen sich generell Funktionalgleichungen reeller analytischer Funktionen ins Komplexe übertragen; der Leser beachte dazu Beispiel 2 am Ende des Kapitels.

Die analytische Fortsetzung von reellen, auf der ganzen reellen Achse analytischen Funktionen führt offenbar stets auf eine eindeutig bestimmte, in der ganzen komplexen Ebene eindeutige und holomorphe Funktion, wenn die Taylorreihenentwicklung im Reellen den Konvergenzradius unendlich hat. Die letzte Einschränkung ist natürlich nötig, weil $f(z) = \frac{1}{1 + z^2}$ zwar auf der ganzen reellen Achse analytisch, aber nicht in der ganzen komplexen Ebene holomorph ist.

Während die bisherigen Entwicklungen zu analytischen Fortsetzungen elegant und beinahe selbstverständlich anmuten, mögen die nachfolgenden Überlegungen merkwürdiger aussehen. Wir zeigen zunächst, daß es Funktionen gibt, welche im Einheitskreis holomorph sind, sich aber auf keine Weise über diesen Kreis hinaus analytisch fortsetzen lassen, welche also den Rand des Einheitskreises als „natürliche Grenze" haben. Ein Beispiel ist die Reihe

$$f(z) = 1 + z + z^2 + z^4 + z^8 + \cdots = 1 + \sum_{n=0}^{\infty} z^{2^n} .$$

Da der Limes Superior der Koeffizienten gleich 1 ist, konvergiert die Reihe für alle $|z| < 1$. Für $z = 1$ herrscht offenbar Divergenz. Ebenso ergibt sich Divergenz für $z = -1$, weil da auch alle Glieder der Reihe mit

Ausnahme des zweiten gleich $+1$ sind, die Summe also gegen $+\infty$ divergiert. Ganz allgemein: Ist z eine Lösung der Gleichung $z^{2^n}=1$, so sind vom Summanden z^{2^n} an alle Glieder der Reihe gleich $+1$, es herrscht also an allen diesen Punkten Divergenz. Da die Lösungen der Gleichung $z^{2^n}=1$ den Einheitskreis in 2^n gleiche Teile zerlegen, liegen, wenn man n nur genügend groß wählt, auf jedem noch so kleinen Bogen des Einheitskreises Singularitäten der Funktion, und man kann über keinen Bogen des Einheitskreises analytisch fortsetzen.

Im soeben betrachteten Fall war die analytische Fortsetzung offenbar deswegen unmöglich, weil die Singularitäten der Funktion auf dem Rande beliebig dicht liegen. Bei einzelnen (isolierten) Singularitäten kann ein ganz anderes Phänomen auftreten, die Mehrdeutigkeit der Funktion. Wir diskutieren das ausführlich am Beispiel des Logarithmus.

Die Funktion $\ln x$ läßt sich im Reellen für $x_0 > 0$ bekanntlich in eine Potenzreihe nach Potenzen von $(x - x_0)$ entwickeln, welche für $|x - x_0| < x_0$ konvergiert; man könnte also nach der eingangs dieses Kapitels untersuchten Methode der Fortsetzung der Potenzreihen den Logarithmus für alle z mit positivem Realteil eindeutig erklären, da jedes z mit $\mathrm{Re}(z) > 0$ für hinreichend große x_0 im Konvergenzkreis einer solchen Reihe enthalten ist, und man könnte dann nach der Methode der Fortsetzung der Funktionalgleichungen für diesen Bereich beweisen $\ln z = \ln(|z|\, e^{i\varphi}) = \ln|z| + i\,\varphi$. Es ist aber bequemer und auch gleich allgemeiner, wenn wir hier auf die ursprüngliche Definition des natürlichen Logarithmus durch das Integral $\int_1^x \frac{dx}{x}$ zurückgreifen und die Definition versuchen

$$\log z = \int_1^z \frac{d\zeta}{\zeta}.$$

Dieses Integral ist allerdings im allgemeinen nicht eindeutig bestimmt, da der Integrand im Nullpunkt einen Pol erster Ordnung hat. Betrachten wir aber zunächst ein einfach zusammenhängendes Gebiet, welches die Punkte 1 und z, nicht aber den Nullpunkt enthält, so ist der Wert des Integrals für alle in diesem Gebiet verlaufenden Wege von 1 nach z derselbe. Wir berechnen das Integral auf einem speziellen Weg (Figur 30), der sich aus der reellen Strecke von 1 bis $|z|$ und dem Kreisbogen von $|z|$ bis z zusammensetzt. Hier enthalten wir, wenn wir auf dem Kreisbogen $\zeta = |z|\, e^{i\vartheta}$ setzen,

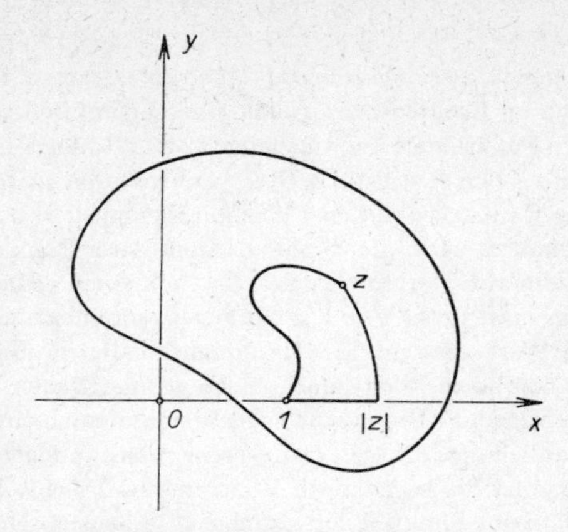

Fig. 30. Integraldefinition des Logarithmus

$$\int_1^z \frac{\mathrm{d}\zeta}{\zeta} = \int_1^{|z|} \frac{\mathrm{d}x}{x} + \int_0^{\varphi} \frac{\mathrm{i}\,|z|\,\mathrm{e}^{\mathrm{i}\vartheta}\,\mathrm{d}\vartheta}{|z|\,\mathrm{e}^{\mathrm{i}\vartheta}} = \ln|z| + \mathrm{i}\,\varphi.$$

Umläuft unser Weg den Nullpunkt aber mehrmals, so kommt wegen der Eigenschaften des Integrals $\int \frac{\mathrm{d}\zeta}{\zeta}$ ein entsprechendes Vielfaches von $2\pi\mathrm{i}$ hinzu. Wir haben also ganz allgemein: Es ist

$$\log z = \int_1^z \frac{\mathrm{d}\zeta}{\zeta} = \ln|z| + (\varphi + 2n\pi)\,\mathrm{i}$$

eine unendlich vieldeutige Funktion, deren Wert nur bis auf additive ganzzahlige Vielfache von $2\pi\mathrm{i}$ bestimmt ist. Die ganze Zahl n bestimmt sich aus dem Integrationsweg.

In der Bezeichnung wollen wir das dadurch andeuten, daß wir das Funktionszeichen ln nur für positive reelle Argumente x anwenden und dabei immer den positiven Wert $\ln x = \int_1^x \frac{\mathrm{d}\xi}{\xi}$ meinen, wobei das Integral längs der reellen Achse zu erstrecken ist. Unter $\log z$ verstehen wir aber die unendlich vieldeutige Funktion.

Die Mehrdeutigkeit beeinträchtigt übrigens nicht, daß $\log z$ Umkehrfunktion der Exponentialfunktion ist, da ja $\mathrm{e}^{2\pi\mathrm{i}n} = 1$ für jede ganze Zahl n:

$$e^{\log z} = e^{\ln|z| + i\varphi + 2\pi i n} = e^{\ln|z| + i\varphi} = |z|\, e^{i\varphi} = z.$$

Ja, man muß genau diese Mehrdeutigkeit sogar erwarten, damit der Logarithmus auch im Komplexen wirklich Umkehrfunktion von e^z ist.

Mehrdeutige Funktionen sind uns lange vertraut. Auch im Reellen begegneten sie uns schon sehr früh, z. B. $y = x^{1/2}$. Durch die Möglichkeit, in der x, y-Ebene das Kurvenbild, hier eine Parabel mit $y = 0$ als Achse, zur Verfügung zu haben, wirkt die Zweideutigkeit dieser Funktion nicht weiter störend. Immerhin verabredet man da auch einen „Hauptwert" der Wurzel, indem man unter $y = \sqrt{x}$ für $x > 0$ vereinbarungsgemäß stets den positiven Wert versteht. Im vierdimensionalen Raum könnte man sich auch für komplexe Funktionen solche geometrischen Veranschaulichungen zurechtlegen. Aber es gibt nach Riemann auch eine Möglichkeit zur Veranschaulichung, die sich in unserem Anschauungsraum verwirklichen läßt; das ist die sogenannte Riemannsche Fläche. Wir erläutern diesen Begriff an der Funktion $\log z$ zunächst in heuristischer Weise. Wir denken uns die z-Ebene aus Papier gebildet und schneiden sie längs der negativen rellen Achse auf (ein anderer Schnitt von 0 nach ∞ würde für das folgende das gleiche leisten). Schreibt man dem Logarithmus in 1 den Wert 0 zu, so ist auf diesem Blatt der Logarithmus eindeutig erklärt, weil kein Weg den Nullpunkt umschlingen kann, denn der Schnitt kann nicht überschritten werden. Wir denken uns nun ein zweites, ebenso aufgeschnittenes Blatt auf das erste gelegt und verheften längs der negativen reellen Achse das obere Ufer des unteren Blattes mit dem unteren Ufer des neuen, oberen Blattes. Laufen wir nun im positiven Sinne von 1 (im unteren Blatt) um den Nullpunkt herum, so gehen wir beim Überschreiten der negativen Achse auf das obere Blatt über, und wenn wir wieder über dem Punkt 1 angekommen sind, der Logarithmus also den Wert $2\pi i$ erhalten hat, so befinden wir uns auf dem oberen Blatt. Setzt man dieses Verfahren nach oben und unten beliebig oft fort, so erhält man die unendlich vielblättrige Riemannsche Fläche des Logarithmus. Auf dieser rosettenartigen Fläche ist die Funktion $\log z$ nunmehr eindeutig: Zu jedem Punkt der Riemannschen Fläche gehört genau ein Wert des Logarithmus. Greift man irgendeinen Punkt der Fläche heraus, so ist also der Funktionswert dadurch eindeutig bestimmt, die Mehrdeutigkeit ist durch den Riemannschen Kunstgriff beseitigt (Figur 31).

Die Nützlichkeit dieser Hilfsvorstellung wird sich besonders bei Integrationsaufgaben erweisen, und wir werden diese sogenannten Verzweigungspunkte (wie es der Nullpunkt für den Logarithmus ist) in diesem Zusammenhang später noch ausführlicher diskutieren müssen. An dieser Stelle wollen wir noch die Riemannschen Flächen für die mehrdeutigen Funktionen $z^{1/n}$ konstruieren. Wir beginnen mit der Funktion $w = z^{1/2}$, die zweideutig ist für $z \neq 0$. Gehen wir von der positiven reellen Achse aus, auf der wir uns für die positiven Wurzelwerte entscheiden wollen. Dem Punkte $z = r\, e^{i\varphi}$ wird durch $w = z^{1/2}$ der Wert $w = R\, e^{i\Phi}$ zuge-

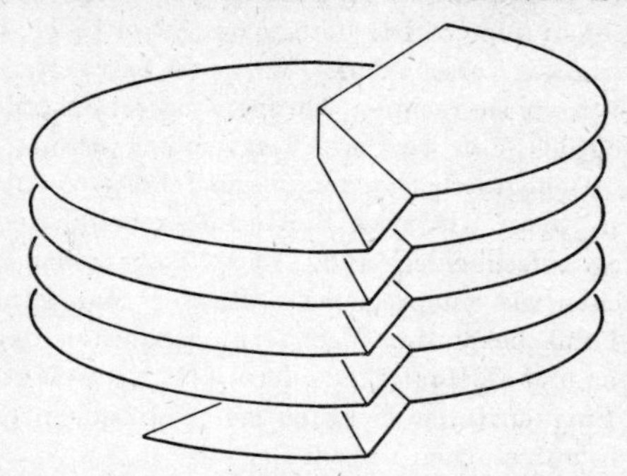

Fig. 31. Die Riemannsche Fläche des Logarithmus

ordnet, den Punkten mit $\varphi = 0$ also nach unserer Festsetzung die Punkte mit $\Phi = 0$. Läßt man φ nun von 0 bis $2\,\pi$ wachsen, so wächst Φ von 0 bis π, so daß wir, wenn wir nach diesem Umlauf in der z-Ebene wieder auf der positiven reellen Achse angelangt sind, erst die halbe w-Ebene überstrichen haben. Wir denken uns also die z-Ebene etwa längs der Achse $x \geqq 0$ aufgeschnitten, überdecken sie mit einem zweiten Blatt, das ebenfalls aufgeschnitten ist, und wir heften das obere Ufer des alten mit dem unteren Ufer des neuen Blattes längs der positiven reellen Achsen zusammen. Nach erneutem Umlauf kehren nun die Ausgangswerte wieder, und daher brauchen wir kein neues Blatt: Es wird uns jetzt genügen, das untere Ufer des zweiten Blattes mit dem oberen Ufer des ersten Blattes zusammenzuheften, weil bei weiteren Umläufen in der z-Ebene dann gerade wieder die richtigen Werte erreicht werden (Figur 32). In der dreidimensionalen Anschauung durchdringt die Rie-

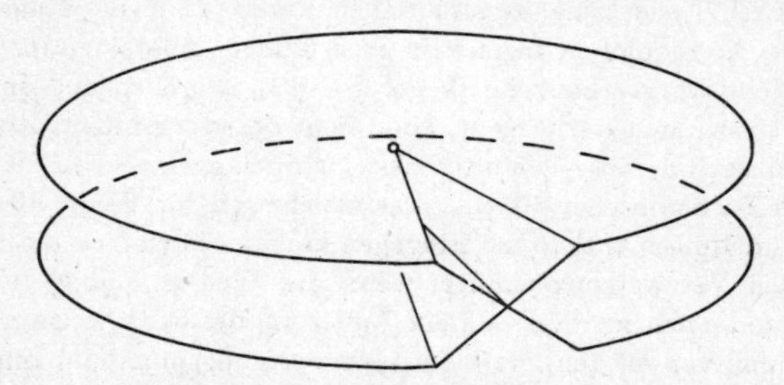

Fig. 32. Riemannsche Fläche der Quadratwurzel

mannsche Fläche von $z^{1/2}$ sich also längs der reellen Achse selbst. Das würde nicht der Fall sein, wenn wir die ganze Situation im Vierdimensionalen betrachten könnten, und wir müssen daher hier von dieser Selbstdurchdringung abstrahieren: Die Punkte des Schnittes sind eben doppelt zu zählen, sie sind als verschiedene Punkte zu betrachten, je nachdem, zu welchem Blatt wir sie rechnen. Übrigens ist es, abstrakt genommen, ja auch unwesentlich, daß wir den „Verzweigungsschnitt" gerade längs des Strahls $x \geqq 0$ gelegt haben; jeder andere Schnitt von 0 nach ∞ würde dasselbe leisten, wenn wir zwei Blätter übereinanderlegen, sie längs dieses Schnittes aufschneiden und kreuzweise aneinanderheften. Für $w = z^{1/n}$ brauchen wir entsprechend n Blätter. Man kann zeigen, daß mit den uns damit bekannten Verzweigungspunkten (logarithmischen oder unendlichen und algebraischen oder n-blättrigen) bereits alle Typen von isolierten Singularitäten mehrdeutiger Funktionen erschöpft sind. Zur Erläuterung untersuchen wir ein Beispiel.

Gegeben sei die Funktion

$$w = \sqrt{(z - z_1)(z - z_2)}, \quad (z_1 \neq z_2).$$

Da es sich um eine Quadratwurzel handelt, wird man eine zweiblättrige Riemannsche Fläche erwarten. Verzweigungspunkte werden z_1 und z_2 sein, in diesen Punkten ist w eindeutig, und zwar gleich 0. Wir können umformen

$$w = \sqrt{z_0 - z_1}\left(1 + \frac{z - z_0}{z_0 - z_1}\right)^{1/2} \sqrt{z_0 - z_2}\left(1 + \frac{z - z_0}{z_0 - z_2}\right)^{1/2},$$

wo z_0 irgendein von z_1 und z_2 verschiedener Punkt ist. Hier sind die Klammerausdrücke eindeutige Funktionen, welche in Binominalreihen entwickelbar sind, welche innerhalb derjenigen Kreise konvergieren, die z_0 als Mittelpunkt haben und auf deren Rand z_1 bzw. z_2 liegen. Hingegen muß den Wurzeln $\sqrt{z_0 - z_1}$, $\sqrt{z_0 - z_2}$ jeweils einer der beiden möglichen Werte durch Festsetzung zugeschrieben werden. Um die Riemannsche Fläche zu konstruieren, legen wir zwei Blätter übereinander und betrachten einfach geschlossene Wege, die in z_0 beginnen und enden (Figur 33). Umschlingt der Weg z_1, aber nicht z_2, so wird der Wert bei der Rückkehr nach z_0 mit -1 multipliziert, wir gelangen also auf das andere Blatt der Riemannschen Fläche. Das gleiche gilt für Wege, die z_2, aber nicht z_1 im Innern enthalten. Hingegen kompensieren sich die Einflüsse der beiden Verzweigungspunkte, wenn der Weg z_1 und z_2 im Innern enthält, und natürlich gibt es keine Änderung des Funktionswertes beim Durchlaufen von Wegen, die keinen Verzweigungspunkt im Innern enthalten. Daraus ergibt sich die Riemannsche Fläche unserer Funktion

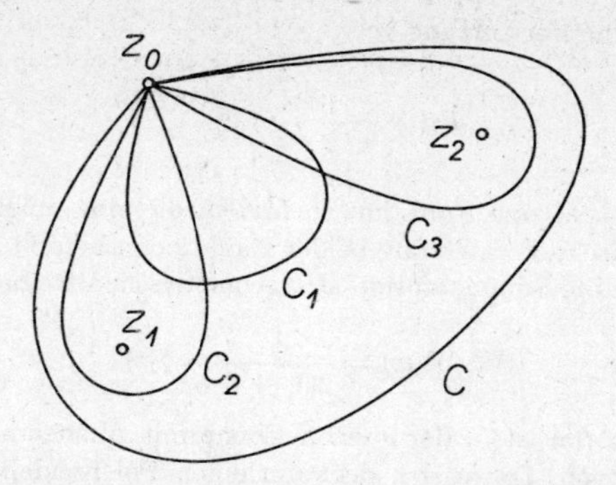

Fig. 33. Geschlossene Wege bei $w = \sqrt{(z - z_1)(z - z_2)}$

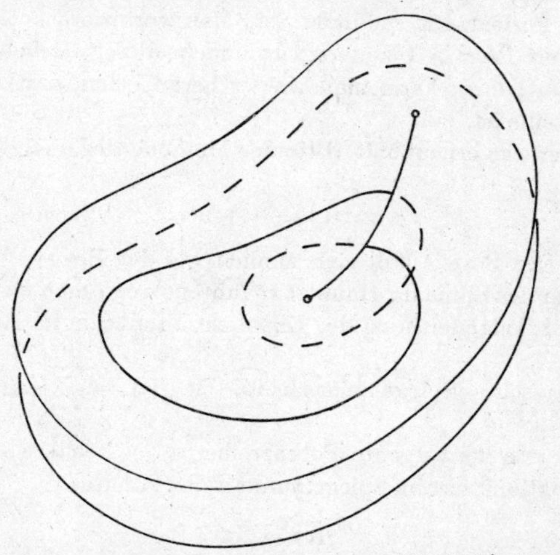

Fig. 34. Die Riemannsche Fläche von $w = \sqrt{(z - z_1)(z - z_2)}$

(Figur 34): Man schneide die beiden übereinanderliegenden Blätter längs einer z_1 und z_2 verbindenden Kurve auf und verhefte sie kreuzweise längs dieses Schnittes, so daß man also beim Überschreiten dieses Schnittes vom einen Blatt ins andere gelangt.

Aufgaben und Beispiele

1. Man zeige, daß

$$F_2(z) = \sum_{n=1}^{\infty} \left(\frac{z}{2 - z}\right)^n$$

eine analytische Fortsetzung von

$$F_1(z) = \frac{1}{2} \sum_{n=1}^{\infty} z^n$$

ist und versuche, eine Funktion zu finden, die eine möglichst weit gehende analytische Fortsetzung beider Funktionen liefert!

Anleitung: Die Summenformel der geometrischen Reihe gibt

$$F_1(z) = \frac{z}{2(1-z)} \underset{\text{def}}{=} f(z).$$

Die Funktion $f(z)$ ist in der ganzen Ebene mit Ausnahme des Punktes $z = 1$ holomorph. Da es sich dort um einen Pol handelt, läßt sie sich nicht holomorph ergänzen, so daß damit schon die gesuchte maximale analytische Fortsetzung gefunden ist. Man verifiziere noch, daß $F_2(z)$ für alle z mit $\operatorname{Re} z > 1$ konvergiert und in dieser Halbebene mit $f(z)$ übereinstimmt; dazu kann man wieder heranziehen, daß F_2 eine geometrische Reihe ist.

2. Man beweise erneut mit Hilfe der Methode der analytischen Fortsetzung

$$e^{z_1+z_2} = e^{z_1} + e^{z_2}.$$

Anleitung: Der Beweis läßt sich ähnlich wie der Beweis für das Additionstheorem des Sinus im Haupttext führen, wenn man davon ausgeht, daß die Funktionalgleichung der Exponentialfunktion im Reellen gilt.

3. Schwarzsches Spiegelungsprinzip. Ist $f(z) = \sum_{n=0}^{\infty} a_n (z - x_0)^n$ eine für $|z - x_0| < \varrho$ konvergente Potenzreihe (x_0, a_n reell), so gilt offenbar für den Funktionswert im Spiegelpunkt $\bar{z}$ des Punktes z

$$f(\bar{z}) = \overline{f(z)}.$$

H. A. Schwarz ist der Urheber des Prinzips, das folgendes besagt: Es sei $f(z)$ in einem Gebiet der oberen Halbebene holomorph, welches von einem Stück der reellen Achse begrenzt wird, so daß auf diesem Stück $f(z)$ holomorph und reellwertig sei. Dann wird die analytische Fortsetzung von $f(z)$ in das an der reellen Achse gespiegelte Gebiet gegeben durch $f(\bar{z}) = \overline{f(z)}$. (Dieses Prinzip ist nicht etwa schon in der obigen Überlegung über Potenzreihen enthalten, da es sich bei dem Gebiet ja nicht um einen Halbkreis mit Zentrum auf der reellen Achse zu handeln braucht.)

Anleitung: Man betrachte beiderseits der reellen Achse jeweils spiegelbildlich gelegene Funktionselemente. Für Kreise mit Mittelpunkt auf der reellen Achse kann man die schon durchgeführte Überlegung verwenden.

4. Man berechne für $0 < \alpha < 1$ das Integral

$$\int_0^\infty \frac{x^{\alpha-1}}{1+x}\,\mathrm{d}x$$

Anleitung: Die Funktion

$$\frac{z^{\alpha-1}}{1+z}$$

hat einen Verzweigungspunkt bei $z = 0$; wir legen einen Verzweigungsschnitt längs der positiven reellen Achse von 0 nach ∞. Der Integrand hat einen Pol erster Ordnung bei $z = -1$. Als Integrationskurve wählen wir C gemäß Figur 35, also bestehend aus dem Kreis vom Radius $R > 1$,

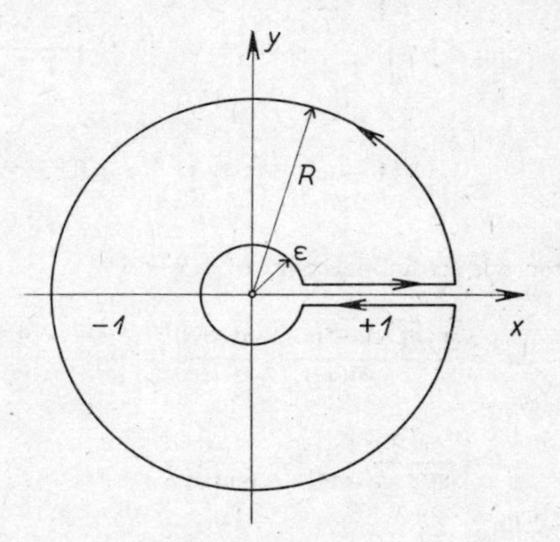

Fig. 35. Zu Beispiel 4

dem unteren Ufer der positiven Achse von R nach ε, dem negativ umlaufenen Kreis vom Radius ε um 0 und dem anschließenden Stück der reellen Achse von ε bis R, diesmal als oberes Ufer genommen. Da wir den Verzweigungsschnitt nicht überschreiten, bleiben wir auf einem Blatt der Riemannschen Fläche. Der Pol liegt im Innern von C, so daß sich ergibt

$$\oint_C \frac{z^{\alpha-1}}{1+z}\,\mathrm{d}z = 2\pi\,\mathrm{i}\;\mathrm{e}^{(\alpha-1)\pi\mathrm{i}}\,.$$

weil das Residuum in $z = -1 = \mathrm{e}^{\mathrm{i}\pi}$ aus der folgenden Berechnung zu ersehen ist:

$$\lim_{z\to-1}(z+1)\frac{z^{\alpha-1}}{1+z}=(e^{\pi i})^{\alpha-1}.$$

Das Integral über C zerlegen wir in vier Teilintegrale über die Kreise und die reellen Strecken:

$$2\pi i\, e^{(\alpha-1)\pi i}=\oint_C\frac{z^{\alpha-1}}{1+z}\,dz=\int_\varepsilon^R\frac{x^{\alpha-1}}{1+x}\,dx+$$

$$+\int_0^{2\pi}\frac{(R\,e^{i\varphi})^{\alpha-1}\,i\,R\,e^{i\varphi}}{1+R\,e^{i\varphi}}\,d\varphi+\int_{2\pi}^0\frac{(\varepsilon\,e^{i\varphi})^{\alpha-1}\,i\,\varepsilon\,e^{i\varphi}}{1+\varepsilon\,e^{i\varphi}}\,d\varphi+\int_R^\varepsilon\frac{(x\,e^{2\pi i})^{\alpha-1}\,dx}{1+x\,e^{2\pi i}}.$$

Wenn wir hier $R\to\infty$, $\varepsilon\to0$ ausführen, verschwinden die beiden mittleren Integrale, und es bleibt übrig:

$$2\pi i\,e^{(\alpha-1)\pi i}=\int_0^\infty\frac{x^{\alpha-1}}{1+x}\,dx+e^{2\pi i(\alpha-1)}\int_\infty^0\frac{x^{\alpha-1}}{1+x}\,dx=$$

$$=\{1-e^{2\pi i(\alpha-1)}\}\int_0^\infty\frac{x^{\alpha-1}}{1+x}\,dx.$$

Damit erhalten wir schließlich für $0<\alpha<1$

$$\int_0^\infty\frac{x^{\alpha-1}}{1+x}\,dx=\frac{2\pi i\,e^{(\alpha-1)\pi i}}{1-e^{2\pi i(\alpha-1)}}\cdot\frac{e^{\pi i(1-\alpha)}}{e^{\pi i(1-\alpha)}}=\frac{2\pi i}{e^{\pi i(1-\alpha)}-e^{-\pi i(1-\alpha)}}=$$

$$=\frac{2\pi i}{e^{\pi i\alpha}-e^{-\pi i\alpha}}=\frac{\pi}{\sin\pi\alpha}.$$

5. Man berechne

$$\int_0^\infty\frac{(\ln u)^2}{1+u^2}\,du.$$

Anleitung: Wir wählen den Integrationsweg wie in Figur 36. Wir müssen das Residuum in $z=i$ berechnen:

$$\operatorname*{Res}_{z=i}\frac{(\log z)^2}{1+z^2}=\lim_{z\to i}(z-i)\frac{(\log z)^2}{(z-i)(z+i)}=$$

$$=\lim_{z\to i}\frac{(\log z)^2}{z+i}=\frac{(\log i)^2}{2i}=\frac{\left(\frac{\pi i}{2}\right)^2}{2i}=-\frac{\pi^2}{8i}.$$

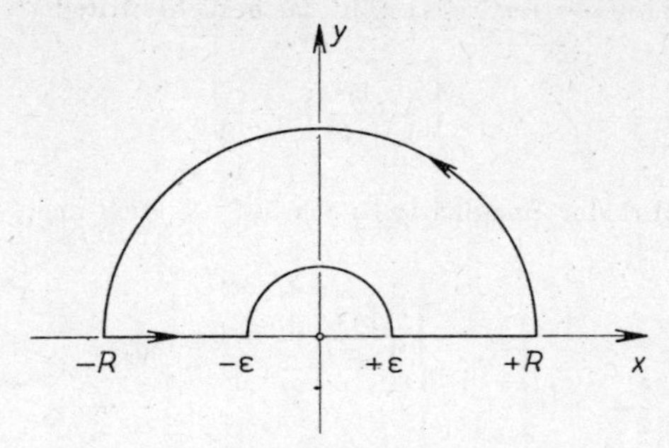

Fig. 36. Zu Beispiel 5

Dabei haben wir uns desjenigen Blattes der Riemannschen Fläche von $\log z$ bedient, für das auf der positiven reellen Achse $\log z = \ln z$ gilt. Es ergibt sich nun für unsere Kurve C

$$\int_C \frac{(\log z)^2}{1+z^2}\,\mathrm{d}z = 2\pi\mathrm{i}\left(-\frac{\pi^2}{8\,\mathrm{i}}\right) = -\frac{\pi^3}{4} =$$

$$= \int_{-R}^{-\varepsilon} \frac{(\log z)^2}{1+z^2}\,\mathrm{d}z + \int_{K_\varepsilon} + \int_{\varepsilon}^{R} \frac{(\log z)^2}{1+z^2}\,\mathrm{d}z + \int_{K_R}.$$

Im ersten dieser Integrale substituieren wir $z = -t$, also $\log z = \ln t + \mathrm{i}\,\pi$, im dritten Integral setzen wir $z = t$ mit $\log z \stackrel{!}{=} \ln t$. Da die Halbkreisintegrale für $\varepsilon \to 0$, $R \to \infty$ gegen Null gehen, erhalten wir

$$-\frac{\pi^3}{4} = \int_0^\infty \frac{(\ln t + \mathrm{i}\,\pi)^2}{1+t^2}\,\mathrm{d}t + \int_0^\infty \frac{(\ln t)^2}{1+t^2}\,\mathrm{d}t =$$

$$= 2\int_0^\infty \frac{(\ln t)^2}{1+t^2}\,\mathrm{d}t + 2\pi\mathrm{i}\int_0^\infty \frac{\ln t}{1+t^2}\,\mathrm{d}t - \pi^2 \int_0^\infty \frac{\mathrm{d}t}{1+t^2}.$$

Wegen

$$\int_0^\infty \frac{\mathrm{d}t}{1+t^2} = \frac{\pi}{2}$$

ergibt sich

$$2\int_0^\infty \frac{(\ln t)^2}{1+t^2}\,\mathrm{d}t + 2\pi\mathrm{i}\int_0^\infty \frac{\ln t}{1+t^2}\,\mathrm{d}t = \frac{\pi^3}{4}$$

und die Bildung des Realteils ergibt das gesuchte Integral:

$$\int_0^\infty \frac{(\ln t)^2}{1 + t^2} \, \mathrm{d}t = \frac{\pi^3}{8}$$

Nebenbei führt der Imaginärteil noch auf die auch nicht triviale Gleichung

$$\int_0^\infty \frac{\ln t}{1 + t^2} \, \mathrm{d}t = 0.$$

Kapitel VIII

EINIGE MATHEMATISCHE ANWENDUNGEN

Dieses Kapitel wendet sich vorwiegend an mathematisch besonders interessierte Leser; es kann aber auch als eine Ruhepause angesehen werden, in der die bisher entwickelten Methoden an einigen z. T. ausführlicheren Beispielen eingeübt werden, und daher mag das Kapitel auch für den an den Anwendungen besonders Interessierten nicht überflüssig sein.

Wir wollen zunächst den Cauchyschen Integralsatz auf die logarithmische Ableitung $\frac{f'(z)}{f(z)}$ anwenden. Aus dem Reellen wird man erwarten, daß das unbestimmte Integral über diesen Quotienten $\log f(z)$ ist, so daß bei Zusammenfallen von Anfangs- und Endpunkt des Integrationsweges der Wert des bestimmten Integrals gleich 0 wäre. Dies trifft wegen der Mehrdeutigkeit des Logarithmus aber im allgemeinen nicht zu; schon $f(z) = z$ gibt für den Wert des Integrals bei einfach geschlossenen Kurven, welche den Nullpunkt im Innern enthalten, ja den Wert $2\pi i$. Man wird also i. a. nur erwarten können, daß für diesen geschlossenen Weg das Integral $\oint \frac{f'(z)}{f(z)} dz$ verschwindet, wenn $f(z)$ nullstellenfrei und holomorph ist, denn dann ist $\frac{f'(z)}{f(z)}$ holomorph, und das Verschwinden des Integrals folgt aus dem Cauchyschen Integralsatz.

Nun möge C ein einfach geschlossener Weg in einem Holomorphiegebiet von f sein, das wieder einfach zusammenhängend sei, und $f(z)$ habe in z_0 im Innern von C eine Nullstelle der Ordnung n. Dies sei die einzige Nullstelle von $f(z)$ im Innern von und auf C. Es läßt sich $f(z)$ also schreiben

$$f(z) = (z - z_0)^n F(z),$$

wo $F(z)$ holomorph und nullstellenfrei ist. Man berechnet

$$\frac{f'}{f} = \frac{F'}{F} + n \frac{1}{z - z_0},$$

und da $\frac{F'}{F}$ holomorph ist, verschwindet das Kurvenintegral über diesen Anteil. Der zweite Summand gibt $n \cdot 2\pi i$, so daß wir im ganzen erhalten

$$\frac{1}{2\pi i}\oint \frac{f'}{f}\,dz = n.$$

Falls $f(z)$ in z_1 einen Pol der Ordnung p hat, sonst aber überall holomorph ist und nirgends verschwindet, können wir schreiben

$$f(z) = (z - z_1)^{-p}\, G(z),$$

wo $G(z)$ holomorph und nullstellenfrei ist. Hier ergibt sich durch direktes Ausrechnen

$$\frac{f'}{f} = \frac{G'}{G} - p\,\frac{1}{z - z_1},$$

also ähnlich wie oben

$$\frac{1}{2\pi i}\oint \frac{f'}{f}\,dz = -\,p.$$

Liegen mehrere Nullstellen und Pole im Innern von G, so überlagern sich die entsprechenden Werte offenbar, so daß man den Satz erhält:
Satz 8.1: Es sei $f(z)$ eine im Innern der einfach geschlossenen Kurve C und auf dieser Kurve C selbst eindeutige Funktion, die holomorph ist mit Ausnahme von endlich vielen Polstellen im Innern. Auf C selbst mögen keine Nullstellen oder Polstellen liegen. Dann gilt

$$\frac{1}{2\pi i}\oint \frac{f'(z)}{f(z)}\,dz = N - P,$$

wobei wir mit N bzw. P die Gesamtzahl der Nullstellen bzw. Polstellen von $f(z)$ innerhalb C bezeichnen; jede Stelle ist dabei gemäß ihrer Vielfachheit zu zählen.

Der Satz hat theoretisches Interesse. Praktisch ist seine Bedeutung gering, da die Auswertung des Integrals über die i. a. komplizierte Funktion $\frac{f'}{f}$ nicht einfach sein wird. Andererseits interessieren praktisch besonders Aussagen über die Lage der Nullstellen, z. B. schon bei Polynomen, da eine Eingrenzung der Nullstellen für die Anwendung von Näherungsverfahren von Interesse ist (Gewinnung möglichst guter Ausgangsnäherungen). Der Leser überlege selbst, daß der Satz 8.1 dazu schon bei Polynomen wenig brauchbar ist! Den Beweis dieses Satzes haben wir daher auch hauptsächlich als ein Beispiel zur Integration im Komplexen behandelt.

Es gibt nun aber auch einen Satz, der eine praktische Bedeutung für die Eingrenzung der Nullstellen hat:
Satz 8.2 (Satz von Rouché): G sei ein einfach zusammenhängendes Gebiet, in dem $f(z)$ und $g(z)$ beide holomorph seien. C sei eine doppel-

punktfreie geschlossene Kurve in G, auf der f keine Nullstellen besitze. Dann gilt: Falls auf der Kurve C $|g(z)| < |f(z)|$, haben $f(z) + g(z)$ und $f(z)$ gleich viele Nullstellen im Innern von C.

Das bedeutet: Falls man die Funktion $f(z)$ nicht allzu stark ändert (auf dem Rande C nur um weniger als ihren eigenen Betrag, $|g| < |f|$), so kann sich im Innern von C zwar die Lage, nicht aber die Anzahl der Nullstellen ändern; dabei sind Nullstellen natürlich wieder entsprechend ihrer Vielfachheit zu zählen! Man beachte, daß $|f| > 0$ auf C wegen $|f| > |g|$.

Beweis: Nach Satz 8.1 sind die Nullstellenzahlen von $f + g$ und f beziehungsweise

$$N_1 = \frac{1}{2\pi i} \oint_C \frac{f' + g'}{f + g} \, dz$$

$$N_2 = \frac{1}{2\pi i} \oint_C \frac{f'}{f} \, dz.$$

Wir erhalten:

$$2\pi i \, N_1 = \oint_C \frac{(f+g)'}{f+g} \, dz = \oint_C \frac{d}{dz} \log(f+g) \, dz =$$

$$= \oint_C \frac{d}{dz} \log \left[f\left(1 + \frac{g}{f}\right) \right] dz =$$

$$= \oint_C \frac{d \log f}{dz} \, dz + \oint_C \frac{d}{dz} \log\left(1 + \frac{g}{f}\right) dz =$$

$$= 2\pi i \, N_2 + \oint_C \frac{\left(1 + \frac{g}{f}\right)'}{1 + \frac{g}{f}} \, dz.$$

Wir müssen zeigen, daß das so erhaltene Integral über

$$\frac{\left(1 + \frac{g}{f}\right)'}{1 + \frac{g}{f}}$$

gleich Null ist. Da nach Voraussetzung auf C gilt $\left|\frac{g}{f}\right| < 1$, führt die Substitution $\zeta = 1 + \frac{g}{f}$ in der ζ-Ebene auf einen geschlossenen Integrationsweg, der ganz im Innern von $|\zeta - 1| < 1$ liegt, also den Punkt $\zeta = 0$ weder trifft noch im Innern enthält. Das nach der Substitution entstehende Integral $\oint \frac{d\zeta}{\zeta}$ ist also tatsächlich gleich Null, was zu beweisen war.

Man beachte, daß die Ungleichung $|g| < |f|$ nur auf dem Rande zu gelten braucht; wieder einmal wird aus dem Verhalten auf dem Rande auf Eigenschaften im Innern eines Bereiches geschlossen.

Wir wenden den Satz von Rouché auf das Polynom

$$P_n(z) = a_n z^n + a_{n-1} z^{n-1} + \cdots a_1 z + a_0$$

an und setzen $f(z) = a_n z^n$, $g(z) = a_{n-1} z^{n-1} + \cdots + a_1 z + a_0$.

Für C wählen wir einen Kreis $|z| = R$, wobei wir $R > 1$ annehmen wollen. Dann gilt:

$$\left|\frac{g(z)}{f(z)}\right| = \frac{|a_0 + a_1 z + \cdots + a_{n-1} z^{n-1}|}{|a_n z^n|} \leqq$$

$$\leqq \frac{|a_0| + |a_1| R + \cdots + |a_{n-1}| R^{n-1}}{|a_n| R^n} <$$

$$< \frac{\{|a_0| + |a_1| + \cdots + |a_{n-1}|\} R^{n-1}}{|a_n| \cdot R^n} = \frac{1}{R} \cdot \frac{|a_0| + |a_1| + \cdots + |a_{n-1}|}{|a_n|}.$$

Wir haben also $|g| < |f|$ für

$$R = \frac{|a_0| + |a_1| + \cdots + |a_{n-1}|}{|a_n|},$$

so daß gilt: Alle n Nullstellen von $P_n(z)$ liegen im Kreis vom Radius

$$R = \frac{1}{|a_n|} \sum_{k=0}^{n-1} |a_k| .$$

(Falls der Ausdruck rechts kleiner als 1 ist, ist $R = 1$ zu wählen!), denn in diesem Kreis müssen nach dem Satz von Rouché z^n und $P_n(z)$ gleich viele Nullstellen besitzen, und z^n hat im Nullpunkt eine n-fache Nullstelle. Nebenbei ist das auch ein neuer Beweis für den Fundamentalsatz der Algebra, denn es hat sich ja ergeben, daß $P_n(z)$ n Nullstellen hat.

Zugleich haben wir eine Formel zur Eingrenzung der Nullstellen erhalten, die recht bequem ist, aber natürlich nicht immer sehr genau sein wird, da wir bei der Herleitung doch recht grob abgeschätzt haben. Durch Koordinatentransformationen kann man aber bessere Eingrenzungen erhalten, wie wir anschließend an dieses Kapitel in Beispielen sehen werden. Ebenso wird sich zeigen, daß sich die Abschätzungen im Einzelfall wesentlich verbessern lassen.

Der Satz 8.1 läßt sich noch verallgemeinern, wenn man statt des Integranden $\frac{f'}{f}$ den mit einer beliebigen holomorphen Funktion g gebildeten Integranden $g\frac{f'}{f}$ untersucht. Wieder wollen wir voraussetzen, daß C eine doppelpunktfreie geschlossene Kurve im einfach zusammenhängenden Gebiet G sei, daß $f(z)$ und $g(z)$ in G holomorph seien, und daß $f(z)$ im Punkte z_0 des Gebietes G eine Nullstelle der Ordnung n habe, sonst aber in diesem Gebiet nicht verschwinde.

Wir setzen $f(z) = (z - z_0)^n F(z)$, so daß $F(z)$ holomorph und nullstellenfrei ist. Direkte Berechnung ergibt

$$\frac{f'}{f} = \frac{F'}{F} + n \cdot \frac{1}{z - z_0},$$

also

$$g \cdot \frac{f'}{f} = g\frac{F'}{F} + n\frac{g}{z - z_0}.$$

Hier ist der erste Summand auf der rechten Seite holomorph, so daß wir erhalten

$$\frac{1}{2\pi i}\oint_C g(z)\frac{f'(z)}{f(z)}\,dz = \frac{n}{2\pi i}\oint_C \frac{g(z)}{z - z_0}\,dz =$$

$$= \frac{n}{2\pi i}\oint_C \left\{\frac{g(z_0)}{z - z_0} + g'(z_0) + \frac{g''(z_0)(z - z_0)}{2!} + \cdots\right\} dz = n \cdot g(z_0).$$

Zusammenfassend erhalten wir, wenn wir noch berücksichtigen, daß beim Vorhandensein mehrerer Nullstellen deren Beiträge sich addieren:

Satz 8.3: $f(z)$ und $g(z)$ seien im einfach zusammenhängenden Gebiet G holomorph; C sei eine doppelpunktfreie geschlossene Kurve in G, auf der keine Nullstellen von $f(z)$ liegen. Die Nullstellen $z_1, \ldots, z_k$ von $f(z)$ im Innern von C haben die Ordnungen $n_1, \ldots, n_k$. Dann gilt

$$\frac{1}{2\pi i}\oint_C g(z)\frac{f'(z)}{f(z)}\,dz = \sum_{j=1}^{k} n_j\, g(z_j).$$

Für $g(z) = 1$ ist diese Aussage bereits in Satz 8.1 enthalten. Wenn $f(z)$ auch Pole besitzt, ergibt sich ebenfalls eine Verallgemeinerung von

Satz 8.1, deren Beweis dem Leser überlassen sei (Beispiel 2 am Ende dieses Kapitels).

Als eine Anwendung von Satz 8.3 wollen wir eine vielfach nützliche Formel von Lagrange beweisen.

Es sei $\Phi(z)$ eine in einem Gebiet G holomorphe Funktion, und es sei C eine einfach geschlossene Kurve in G, welche z_0 im Innern enthalte. Es sei ferner die komplexe Variable t so klein, daß auf C gilt

$$|t\,\Phi(z)| < |z - z_0|.$$

Nach dem Satz von Rouché hat die Funktion $F(\zeta) = \zeta - z_0 - t\,\Phi(\zeta)$ im Innern von C genau so viele Nullstellen wie die Funktion $\zeta - z_0$, also genau eine. Die Wurzel ζ der Gleichung

$$\zeta = z_0 + t\,\Phi(\zeta)$$

ist also unter den angegebenen Bedingungen durch die Vorgabe von z_0 und t eindeutig bestimmt. Nach Lagrange kann man nun eine explizite Formel für die Wurzel ζ dieser Gleichung angeben. Dazu setzen wir

$$g(\zeta) = \zeta$$

$$f(\zeta) = \zeta - z_0 - t\,\Phi(\zeta).$$

Wir wissen nun nach Satz 8.3, da es sich um eine einfache Nullstelle handelt

$$\zeta = 1 \cdot g(\zeta) = \frac{1}{2\pi i} \oint_C g(z) \frac{f'(z)}{f(z)}\, dz =$$

$$= \frac{1}{2\pi i} \oint z \frac{1 - t\,\Phi'(z)}{z - z_0 - t\,\Phi(z)}\, dz.$$

Damit ist schon eine Darstellung der Wurzel ζ gegeben, die man aber noch umrechnen kann:

$$\zeta = \frac{1}{2\pi i} \oint \frac{z}{z - z_0} \{1 - t\,\Phi'(z)\} \frac{1}{1 - t\,\Phi(z)/(z - z_0)}\, dz =$$

$$= \frac{1}{2\pi i} \oint \frac{z}{z - z_0} \{1 - t\,\Phi'(z)\} \sum_{n=0}^{\infty} \frac{t^n (\Phi(z))^n}{(z - z_0)^n}\, dz.$$

Da auf der Kontur $|t\,\Phi(z)| < |z - z_0|$ vorausgesetzt war, ist die geometrische Reihe hier gleichmäßig konvergent, und wir dürfen somit die Reihenfolge von Integration und Summation vertauschen. Das ergibt

$$\zeta = \frac{1}{2\pi i} \oint \frac{z}{z - z_0}\, dz + \sum_{n=1}^{\infty} \frac{t^n}{2\pi i} \oint \left\{ \frac{z\,\Phi^n(z)}{(z - z_0)^{n+1}} - \frac{z\,\Phi^{n-1}\,\Phi'}{(z - z_0)^n} \right\} dz =$$

$$= z_0 - \sum_{n=1}^{\infty} \frac{t^n}{2\pi i} \oint \frac{z}{n} \frac{d}{dz} \left\{ \frac{\Phi^n(z)}{(z-z_0)^n} \right\} dz.$$

Dabei haben wir auf das erste Integral die Cauchysche Integralformel angewendet; das letzte Integral formen wir mittels partieller Integration um:

$$\zeta = z_0 + \sum_{n=1}^{\infty} \frac{t^n}{2\pi i n} \oint \frac{\Phi^n(z)}{(z-z_0)^n} dz.$$

Wendet man hier die Cauchysche Integralformel

$$\frac{1}{2\pi i} \oint \frac{f(z)}{(z-z_0)^n} dz = \frac{1}{(n-1)!} f^{(n-1)}(z_0)$$

für $f(z) = \Phi^n(z)$ an, so ergibt sich schließlich

$$\zeta = z_0 + \sum_{n=1}^{\infty} \frac{t^n}{n!} \cdot a_n,$$

wobei

$$a_n = [\Phi^n(z_0)]^{(n-1)}$$

also die $n-1$-te Ableitung der n-ten Potenz von Φ an der Stelle z_0 ist. Damit ist die Lösung unserer Gleichung durch eine unendliche Reihe dargestellt. Es handelt sich dabei natürlich gerade um die Taylorsche Reihe für ζ als Funktion von t, und die ganze Herleitung lief darauf hinaus, einen allgemeinen Ausdruck für die Koeffizienten a_n dieser Taylorreihe anzugeben. Diese Formel ist von Lagrange zur Auflösung der in der Theorie der Planetenbewegung auftretenden Keplerschen Gleichung

$$\zeta = z_0 + t \sin \zeta$$

verwendet worden. Hier ergibt sich, falls t so klein ist, daß

$$|t \sin z| < |z - z_0| \;,$$

für die Lösung die schnell konvergierende Reihe

$$\zeta = z_0 + \sum_{n=1}^{\infty} \frac{t^n}{n!} (\sin^n z_0)^{(n-1)}.$$

Andere Beispiele findet man in den Aufgaben 3 und 4 am Ende dieses Kapitels.

Aufgaben und Beispiele

1. Man zeige, daß alle Nullstellen von $P(z) = z^7 - 5z^3 + 7$ im Kreisring $1 \leqq |z| \leqq 2$ liegen!

Anleitung: Die im Anschluß an den Satz von Rouché gegebene Abschätzung ergibt lediglich, daß alle Nullstellen innerhalb des Kreises vom Radius $R = \frac{5+7}{1} = 12$ liegen. Direkte Anwendung des Satzes von Rouché ergibt hier wesentlich bessere Schranken: Setzt man $f = z^7$, $g = -5z^3 + 7$, so gilt für $|z| = 2$, daß $|g| = |-5z^3 + 7| \leqq 5 \cdot 8 + 7 < 2^7 = |f|$, so daß $P(z)$ für $|z| < 2$ in der Tat genauso viel Nullstellen hat wie z^7, also liegen alle 7 Nullstellen in diesem Kreis. Setzt man andererseits $f(z) = 7$, $g(z) = z^7 - 5z^3$, so gilt bei $|z| = 1$

$$|g| \leqq |z|^7 + 5|z|^3 = 6 < 7 = |f|,$$

so daß $P(z)$ für $|z| < 1$ genausoviel Nullstellen hat wie die konstante Funktion 7, d. h. gar keine.

2. Man zeige, daß folgende Verallgemeinerung von Satz 8.3 gilt: Es seien f und g im Innern und auf dem Rande der doppelpunktfreien geschlossenen Kurve C holomorph, mit Ausnahme von höchstens endlich vielen Polstellen ζ_j (Ordnungen p_j) der Funktion f im Innern von C. Auf C selbst habe f weder Pole noch Nullstellen. Dann gilt

$$\frac{1}{2\pi i} \oint g(z) \frac{f'(z)}{f(z)} \, dz = \sum_{j=1}^{k} n_j \, g(z_j) - \sum_{j=1}^{m} p_j \, g(\zeta_j)$$

Anleitung: Dies folgt analog zu den Beweisen von Satz 8.1 und Satz 8.3.

3. Man diskutiere die Lösung ζ der Gleichung,

$$\zeta = 1 + t\,\zeta^q$$

welche für $t = 0$ gleich 1 ist. Insbesondere untersuche man auch den direkt zu lösenden Fall $t = 1$, $q = \frac{1}{2}$.

Anleitung: Die Lagrangesche Reihe für ζ ist wegen $\Phi^n(z) = z^{nq}$, also $(\Phi^n(z))^{(n-1)} = n\,q(n\,q - 1)(n\,q - 2) \cdots (n\,q - (n-2))\, z^{nq-(n-1)}$ und wegen $z = z_0 = 1$:

$$\zeta = 1 + t + \frac{2\,q}{2!} t^2 + \frac{3\,q(3\,q - 1)}{3!} t^3 + \frac{4\,q(4\,q-1)(4\,q-2)}{4!} t^4 + \cdots$$

Insbesondere ergibt sich für $t = 1$, $q = \frac{1}{2}$ die konvergente Reihe

$$\zeta = 1 + 1 + \frac{1}{2} + \frac{1}{8} + 0 - \frac{1}{128} - \cdots < 2{,}625$$

(Alle weiteren Glieder sind negativ, so daß die Lösung kleiner ist als der sich hier ergebende Näherungswert.) Direkte Berechnung durch Auflösung einer quadratischen Gleichung für ζ ergibt

$$\begin{aligned} \zeta - 1 &= \zeta^{1/2} \\ \zeta^2 - 2\,\zeta + 1 &= \zeta \\ \zeta^2 - 3\,\zeta + 1 &= 0 \\ \zeta &= \frac{3}{2} + \frac{\sqrt{5}}{2} \approx 2{,}62. \end{aligned}$$

4. Für $a < -1$ gebe man ein Verfahren zur Berechnung der Nullstelle von $w(z) = z - a + e^z$ an; man untersuche besonders $a = \ln 0.1$!

Anleitung: Wegen $a < -1$ kann man erwarten, daß w in der Nähe von $z = a$ eine Nullstelle hat. Wir setzen $f = z - a$ und $g = e^z$. Wählt man R so, daß $e^{a+1} < R \leqq 1$, so ist $|e^z| < |z - a|$, auf dem Kreis $|z - a| = R$ und die Anwendung des Satzes von Rouché ergibt zunächst die Existenz einer Nullstelle von w im Kreis vom Radius R um a. Wir können die Lagrangesche Reihe für

$$z = a + t\,e^z$$

anwenden, welche ergibt

$$z = a + \sum_{n=1}^{\infty} \frac{t^n}{n!}\, n^{n-1}\, e^{an}\,.$$

Die Reihe konvergiert absolut für $|t| < e^{-(a+1)}$, wie sich aus dem Wurzelkriterium ergibt. Also herrscht für $t = -1$ sicher Konvergenz, da ja $a < -1$ vorausgesetzt war. Für die gesuchte Nullstelle haben wir also die Reihe

$$z = a + \sum_{n=1}^{\infty} \frac{(-1)^n}{n!}\, n^{n-1}\, e^{an}.$$

Für $a = \ln 0.1$ erhält man eine alternierende Reihe mit absolut abnehmenden Gliedern; das vierte Glied ist kleiner als $5 \cdot 10^{-4}$, und man berechnet $z = -2{,}394$ auf drei Stellen hinter dem Komma.

Kapitel IX

DIE SINGULARITÄTEN EINDEUTIGER HOLOMORPHER FUNKTIONEN

In diesem Kapitel wollen wir die singulären Stellen von holomorphen Funktionen, auf die wir schon mehrfach gestoßen sind, systematisch untersuchen. Die Funktion $f(z)$ sei in einem hinreichend kleinen Gebiet G, welches einfach zusammenhängend sei, mit Ausnahme eines einzigen Punktes z_0 definiert und holomorph. Diese Stelle heißt dann eine isolierte Singularität, weil in einer hinreichend kleinen Umgebung keine weitere Singularität von $f(z)$ anzutreffen ist. Es kann durchaus vorkommen, daß eine Singularität nicht isoliert ist: Bei einer Reihe $f(z) = \sum_{n=0}^{\infty} a_n z^n$, die den Einheitskreis als natürliche Grenze hat, sind die Singularitäten auf dem Rande nicht isoliert, da ja in jeder noch so kleinen Umgebung einer solchen Singularität noch weitere singuläre Stellen auf dem Einheitskreis liegen, wie z. B. bei der früher betrachteten Reihe

$$1 + \sum_{n=0}^{\infty} z^{2^n}.$$

Für isolierte Singularitäten haben wir die Möglichkeit der Laurentschen Entwicklung bereits bewiesen. Es gilt in einem Kreis um z_0, mit Ausnahme des Punktes z_0 selbst, die Reihenentwicklung

$$f(z) = \sum_{n=-\infty}^{\infty} a_n (z - z_0)^n =$$

$$= \cdots a_{-2} \cdot \frac{1}{(z-z_0)^2} + a_{-1} \frac{1}{z - z_0} + a_0 + a_1 (z - z_0) + a_2 (z - z_0)^2 + \ldots,$$

wobei sich die a_n aus den Cauchyschen Koeffizientenformeln berechnen lassen, in denen der Integrationsweg irgendein Kreis innerhalb des Konvergenzgebietes sein darf.

Da der Potenzreihenanteil der Laurentreihe, also der Anteil mit nichtnegativen Indizes, stets eine auch in z_0 holomorphe Funktion darstellt, kann für das singuläre Verhalten nur der Anteil mit den negativen Potenzen von $z - z_0$ verantwortlich sein, der deshalb auch der „Hauptteil der Laurentreihe“ genannt wird:

$$\sum_{n=-\infty}^{-1} a_n(z-z_0)^n = \cdots \frac{a_{-3}}{(z-z_0)^3} + \frac{a_{-2}}{(z-z_0)^2} + \frac{a_{-1}}{(z-z_0)^1}.$$

Hier ergeben sich nun drei wesentlich verschiedene Fälle, je nachdem dieser Hauptteil aus null, endlich vielen oder unendlich vielen Gliedern besteht.

Fall 1. *Hebbare Singularität:* Der Hauptteil tritt in der Laurententwicklung gar nicht auf (alle a_n sind für negative n gleich Null). Da die Funktion in der Umgebung von z_0 also in eine Potenzreihe entwickelbar ist, welche dann notwendigerweise auch für $z = z_0$ konvergiert, ist $f(z)$ in $z = z_0$ holomorph ergänzbar, die Singularität wird dadurch behoben. Ein Beispiel ist die Funktion

$$f(z) = \frac{\sin z}{z},$$

die für alle $z \neq 0$ holomorph ist. Die Laurententwicklung um 0 ist

$$f(z) = 1 - \frac{z^2}{3!} + \frac{z^4}{5!} - \frac{z^6}{7!} + - \cdots,$$

und f ist durch die Festsetzung $f(0) = 1$ holomorph ergänzt.

Man kann übrigens einen früher bewiesenen Satz von Riemann (S. 88) hier anwenden, nach dem eine in einer Umgebung von z_0 holomorphe Funktion $f(z)$ in z_0 stets holomorph ergänzt werden kann, wenn $f(z)$ in der Umgebung beschränkt ist. Daraus folgt, daß $f(z)$ in einer beliebig kleinen Umgebung von z_0 unbeschränkt sein muß, falls der Hauptteil mindestens ein nichtverschwindendes Glied enthält. Denn wäre $f(z)$ in irgendeiner Umgebung von z_0 beschränkt, so wäre f in z_0 nach dem Satz von Riemann holomorph ergänzbar, also in eine konvergente Potenzreihe entwickelbar, und der Hauptteil müßte also entgegen der Voraussetzung verschwinden. Diese Überlegung verwenden wir in den Fällen 2 und 3.

Fall 2. *Pol der Ordnung n:* So nennt man eine Singularität, wenn der Hauptteil aus endlich vielen Summanden besteht und wenn $a_{-n} \neq 0$, aber $a_{-k} = 0$ für alle $k > n$. Es besitzt dann offenbar die Funktion $g(z) = f(z)\,(z - z_0)^n$, welche in der Umgebung von z_0 ebenfalls holomorph ist, in z_0 eine hebbare Singularität, und wir ergänzen g in z_0 entsprechend Fall 1. Es ist dann $g(z)$ als konvergente Potenzreihe in einer Umgebung von z_0 beschränkt, $|g(z)| \leqq M$. Es ist also in dieser Umgebung

$$|f(z)| = \frac{|g(z)|}{|z-z_0|^n} \leqq \frac{M}{|z-z_0|^n}.$$

Andererseits ist $g(z_0)$ ungleich Null, da wir $a_{-n} \neq 0$ vorausgesetzt haben. Es gibt also ein $m > 0$ und eine hinreichend kleine Umgebung von z_0, so daß $|g(z)| \geqq m$ in dieser Umgebung; z. B. eignet sich $m = |a_{-n}|/2$. Wir erhalten daraus

$$|f(z)| \geqq \frac{m}{|z - z_0|^n}.$$

Beide Ungleichungen zusammen machen deutlich, daß $|f(z)|$ in der Umgebung eines Pols unbeschränkt wächst, und zwar „gleichmäßig" in hinreichend kleinen Kreisen um z_0. Das Verhalten ist also im wesentlichen dasselbe wie bei dem ersten Glied des Hauptteils, $\dfrac{a_{-n}}{(z - z_0)^n}$.

Fall 3. *Wesentliche Singularität:* So nennt man Singularitäten mit nichtabbrechendem Hauptteil der Laurentreihe. Hier kann man im allgemeinen nicht das Wachstumsverhalten erwarten, wie es bei Polen vorliegt. Ein Beispiel für eine wesentliche Singularität ist $z_0 = 0$ bei der Funktion $f(z) = e^{1/z}$, die wir zur Vorbereitung diskutieren wollen. Die Laurentreihe ist

$$e^{1/z} = 1 + \frac{1}{z} + \frac{1}{2!\,z^2} + \frac{1}{3!\,z^3} + \cdots;$$

es liegt also kein Pol vor. Wir diskutieren die Werteverteilung von $f(z)$ in der Umgebung von 0 mit Hilfe von Polarkoordinaten:

$$z = r\,e^{i\varphi} = r(\cos\varphi + i\sin\varphi)$$

$$\frac{1}{z} = \frac{1}{r}\,e^{-i\varphi} = \frac{1}{r}(\cos\varphi - i\sin\varphi),$$

$$w = e^{\frac{1}{z}} = \exp\left(\frac{\cos\varphi}{r}\right)\left(\cos\left\{\frac{\sin\varphi}{r}\right\} - i\sin\left\{\frac{\sin\varphi}{r}\right\}\right).$$

Wir fragen nun, welche Werte $w = R\,e^{i\Phi} = R(\cos\Phi + i\sin\Phi)$ überhaupt annehmen kann und wo diese Werte liegen. Da eine Exponentialfunktion nie Null wird, scheidet $R = 0$ sicher aus. Wir wollen jetzt einen Wert w beliebig vorgeben und fragen, wo $f(z)$ diesen Wert w annimmt. Für R, Φ ergeben sich die beiden Gleichungen

$$R = e^{\frac{\cos\varphi}{r}}, \quad \Phi = -\left(\frac{\sin\varphi}{r} \pm 2\pi n\right),$$

die sich auch umformen lassen:

$$r = -\frac{\sin\varphi}{\Phi \pm 2\pi n}$$

$$\frac{\cos\varphi}{r} = \ln R$$

oder nach Einsetzen der ersten Gleichung in die zweite

$$\cot\varphi = -\frac{\ln R}{\Phi \pm 2\pi n}.$$

Es sei nun w, also R, Φ beliebig vorgegeben und außerdem ein $\varepsilon > 0$. Wir zeigen, daß der Wert w im Kreis $|z| < \varepsilon$ wirklich angenommen wird. Wegen $|\sin\varphi| \leqq 1$ kann man nämlich aus der ersten Gleichung durch geeignete Wahl von n jedenfalls sehen, daß sich $r < \varepsilon$ machen läßt; geht man dann mit dem so bestimmten n in die letzte Gleichung ein, so läßt sich daraus φ bestimmen. Das beweist: Die Funktion $e^{1/z}$ nimmt in jeder noch so kleinen Umgebung des Nullpunktes noch jeden von Null verschiedenen Wert an, sie hat also bestimmt nicht das Wachstumsverhalten, das wir von den Polen her kennen, weil ja in jeder Umgebung von 0 noch beliebig kleine Werte vorkommen.

Allgemeiner gilt der berühmte

Satz von Casorati-Weierstraß: $f(z)$ kommt in jeder Umgebung einer wesentlichen Singularität jedem komplexen Wert beliebig nahe; oder ausführlicher formuliert: Gegeben seien eine komplexe Zahl w_0, ein $\varepsilon > 0$, und ein $r_0 > 0$, dann gibt es ein z mit $|z - z_0| < r_0$ und $|f(z) - w_0| < \varepsilon$.

Den Beweis führt man am einfachsten indirekt. Wäre für alle z mit $|z - z_0| < r_0 \quad |f(z) - w_0| \geqq \varepsilon$, so hätte man in diesem Kreise

$$\frac{1}{|f(z) - w_0|} \leqq \frac{1}{\varepsilon},$$

so daß die holomorphe Funktion $g(z) = \dfrac{1}{f(z) - w_0}$ in diesem Kreis beschränkt, also in $z = z_0$ holomorph ergänzbar wäre. Falls $g(z_0) \neq 0$, wäre auch $f(z) = w_0 + \dfrac{1}{g(z)}$ in z_0 holomorph, entgegen der Voraussetzung. Hätte $g(z)$ eine Nullstelle der Ordnung n in z_0, so hätte $f(z)$ dort einen Pol der Ordnung n, also keine wesentliche Singularität. Der indirekte Beweis führt also auf einen Widerspruch, womit der Satz von Casorati-Weierstraß bewiesen ist.

Man kann zusammenfassend auch noch so sagen: Eine Stelle ist dann und nur dann eine isolierte Singularität, wenn die Funktion in einer Umgebung eindeutig und holomorph ist und in jeder noch so kleinen Umgebung der Stelle beliebig großer Werte fähig ist. Es handelt sich um einen

Pol, wenn $|f(z)|$ in beliebig kleinen Umgebungen beliebig groß wird (und zwar gleichmäßig), und um eine wesentliche Singularität, wenn es in jeder beliebig kleinen Umgebung noch beliebig kleine Werte gibt.

Nun lassen sich auch Aussagen über das Verhalten im Punkt ∞ anschließen. Wir wollen wieder einer Funktion $f(z)$ im Unendlichen dasjenige Verhalten (per definitionem) zuschreiben, welches $F(z) = f\left(\frac{1}{z}\right)$ im Nullpunkt hat. Für Funktionen, die in einer Umgebung des Punktes ∞ (d. h. für $|z| > R$) eindeutig und holomorph sind, hat man also ein holomorphes Verhalten (oder eine hebbare Singularität) im Unendlichen, falls für $|z| > R$

$$f(z) = a_0 + \frac{a_1}{z} + \frac{a_2}{z^2} + \cdots,$$

man hat einen Pol der Ordnung n, falls

$$f(z) = a_{-n}\, z^n + a_{n-1}\, z^{n-1} + \cdots + a_{-1}\, z + a_0 + \frac{a_1}{z} + \frac{a_2}{z^2} + \cdots$$

und man hat eine wesentliche Singularität, falls

$$f(z) = \sum_{n=-\infty}^{+\infty} a_n\, z^{-n}.$$

Die obigen Überlegungen lassen sich entsprechend übertragen. Wir ziehen daraus noch einige Schlüsse für den Fall der sogenannten ganzen Funktionen; das sind die in der ganzen Ebene konvergenten Potenzreihen

$$f(z) = \sum_{n=0}^{\infty} b_n\, z^n.$$

Diese Funktionen haben also höchstens im Unendlichen eine Singularität, welche den Charakter der Singularität von

$$\tilde{f}(z) = f\left(\frac{1}{z}\right) = \sum_{n=0}^{\infty} \frac{b_n}{z^n}$$

für $z = 0$ aufweist. (Die Bezeichnung ganze Funktion rührt daher, daß die abbrechenden Potenzreihen die Polynome oder ganzen rationalen Funktionen sind, die hier verallgemeinert werden.) Aus den obigen Überlegungen ergibt sich: Eine ganze Funktion ist dann und nur dann ein Polynom, wenn eine der beiden folgenden Bedingungen erfüllt ist:

a) Es gibt ein $r > 0$ und ein $m > 0$, so daß $|f(z)| \geqq m|z|^n$ für $|z| > r$,

b) Es gibt ein $R > 0$ und ein $M > 0$, so daß $|f(z)| \leqq M|z|^n$ für $|z| > R$.

Man beachte übrigens, daß wir damit u. a. eine Verallgemeinerung des Satzes von Liouville (S. 79) erhalten haben, nach dem eine in der ganzen Ebene holomorphe und gleichmäßig beschränkte Funktion eine Konstante ist. Hier gilt nun, daß eine in der ganzen Ebene holomorphe Funktion, welche einer Abschätzung $|f(z)| \leqq M|z|^n$ (übrigens auch nur außerhalb eines genügend großen Kreises) genügt, ein Polynom höchstens vom Grade n ist.

Für das Verhalten im Unendlichen bei ganzen transzendenten (d. h. nicht rationalen) Funktionen kann e^z als Beispiel dienen. Die Diskussion ist natürlich durch unsere früheren Untersuchungen über das Verhalten von $e^{1/z}$ bei 0 schon vorweggenommen worden.

Aufgaben und Beispiele

1. Ist $h(z)$ eine ganze Funktion, so ist $f(z) = e^{h(z)}$ überall holomorph, also ebenfalls ganz. Außerdem ist $f(z)$ noch nullstellenfrei. Man untersuche, ob *alle* nullstellenfreien ganzen Funktionen von der Form $f(z) =$ $= e^{h(z)}$ sind!

Anleitung: Es sei $f(z) = \sum_{n=0}^{\infty} a_n z^n$, wobei wegen $f(0) \neq 0$ gilt $a_0 \neq 0$.

Wir versuchen, $h(z) = \sum_{n=0}^{\infty} b_n z^n$ so zu bestimmen, daß $f(z) = e^{h(z)}$. Notwendige Bedingung dafür ist, wie man durch Differenzieren des Ansatzes erkennt,

$$\frac{f'(z)}{f(z)} = h'(z).$$

Wegen der Nullstellenfreiheit ist die logarithmische Ableitung ebenfalls eine ganze Funktion.

$$\frac{f'(z)}{f(z)} = \sum_{n=0}^{\infty} c_n z^n,$$

und man hat für die Koeffizienten b_n der gesuchten Funktion h also notwendigerweise $b_{n+1} = c_n/(n+1)$; für b_0, das damit noch nicht festgelegt ist, ergibt sich aus $f(0) = e^{h(0)}$ eine stets erfüllbare Bedingung, da die Exponentialfunktion jeden von Null verschiedenen Wert annimmt. Es sei nun noch zu zeigen, daß die so gefundene Reihe $h(z)$ unsere Aufgabe löst. Das folgt aus

$$(f\,e^{-h})' = (f' - f\,h')\,e^{-h} = \left(f' - f\frac{f'}{f}\right)e^{-h} = 0,$$

so daß also f bis auf einen konstanten Faktor gleich e^h ist; dieser Faktor ist aber gleich 1, wie sich für $z = 0$ ergibt.

Es sind also alle nullstellenfreien ganzen Funktionen in der Tat Exponentialfunktionen.

Kapitel X

REIHENENTWICKLUNGEN HOLOMORPHER FUNKTIONEN

Auch dieses Kapitel wendet sich wieder in erster Linie an mathematisch besonders interessierte Leser, doch sind die hier auftretenden Beweise ganz allgemein zum Einüben funktionentheoretischer Methoden zu empfehlen; in jedem Falle ist die Kenntnis der hier auftretenden Lehrsätze auch für viele Anwendungsgebiete wichtig.

Neben den von uns ja schon ausführlich untersuchten Darstellungen einer holomorphen Funktion durch Potenzreihen oder durch Laurent-Reihen spielen oft auch noch Entwicklungen nach anderen Funktionen als Potenzfunktionen eine Rolle; im Reellen sind die Fourier-Reihen Beispiele für solche Reihenentwicklungen. Wir wollen hier ganz allgemein konvergente Reihen holomorpher Funktionen untersuchen. Zunächst sei bemerkt, daß man ebensogut auch konvergente Folgen holomorpher Funktionen ins Zentrum des Interesses rücken könnte. Denn natürlich läßt sich jede konvergente Reihe

$$F(z) = \sum_{n=0}^{\infty} f_n(z)$$

auch als konvergente Folge ihrer Partialsummen darstellen:

$$F(z) = \lim_{n\to\infty} S_n(z), \quad S_n(z) = \sum_{k=0}^{n} f_k(z).$$

Aber es gilt auch das Umgekehrte: Ist eine Funktion als Grenzwert einer Folge dargestellt,

$$F(z) = \lim F_n(z),$$

so läßt sich daraus sofort eine Darstellung durch eine unendliche Reihe angeben:

$$F(z) = F_0(z) + (F_1(z) - F_0(z)) + (F_2(z) - F_1(z)) + \cdots =$$

$$= F_0(z) + \sum_{n=0}^{\infty} (F_{n+1}(z) - F_n(z)).$$

In der Tat ist die N-te Partialsumme dieser Reihe gleich $F_N(z)$, so daß Folge und Reihe dasselbe besagen.

Da es also im Prinzip auf dasselbe hinausläuft, ob man Folgen oder Reihen betrachtet, und da Reihen in den Anwendungen besonders häufig auftreten, wollen wir hier hauptsächlich unendliche Reihen von Funktionen untersuchen.

Vom Reellen her sind wir gewöhnt, daß man durch Reihen, deren Glieder analytische Funktionen sind, weitgehend willkürliche Funktionen darstellen kann; so lassen sich z. B. auch unstetige periodische Funktionen in Fouriersche Reihen entwickeln; und die Glieder einer Fourierschen Reihe sind als trigonometrische Funktionen ja in der Tat analytische Funktionen. Auch der in Band I, S. 156, erwähnte Approximationssatz von Weierstraß macht eine ähnliche Aussage: Jede in einem Intervall $a \leqq x \leqq b$ stetige Funktion (die also nicht einmal differenzierbar zu sein braucht) läßt sich als Grenzwert einer Folge von Polynomen darstellen; nach den soeben durchgeführten Überlegungen kann man auch sagen: Im Reellen ist jede stetige Funktion in $a \leqq x \leqq b$ in eine Reihe von Polynomen entwickelbar. Die Analytizitätseigenschaften der Reihenglieder übertragen sich dort also keineswegs auf die Grenzfunktion! Um so überraschender erscheint der folgende Satz:

Satz 10.1: Falls die Reihe $\sum\limits_{n=0}^{\infty} f_n(z)$ der im einfach zusammenhängenden Gebiet G holomorphen Funktionen in diesem Gebiet G gleichmäßig konvergiert, so ist die Summe $F(z) = \sum\limits_{n=0}^{\infty} f_n(z)$ in diesem Gebiet holomorph, und die Ableitung erhält man durch gliedweises Differenzieren:

$$F'(z) = \sum_{n=0}^{\infty} f_n'(z).$$

Auch die durch gliedweises Differenzieren erhaltene Reihe konvergiert gleichmäßig, so daß das Verfahren fortgesetzt werden kann.

Beweis: Wir betrachten die Teilsummen

$$S_n(z) = \sum_{k=0}^{n} f_k(z);$$

Die Voraussetzung der gleichmäßigen Konvergenz im Gebiet G besagt, daß es zu jedem $\varepsilon > 0$ ein $N(\varepsilon)$ so gibt, daß die Grenzfunktion durch die

Teilsummen von dieser Nummer an gleichmäßig bis auf einen Fehler kleiner als ε approximiert wird:

$$|F(z) - S_n(z)| < \varepsilon \quad \text{für} \quad n \geqq N(\varepsilon).$$

$F(z)$ ist als Grenzfunktion einer gleichmäßig konvergenten Funktionenfolge zunächst einmal selbst stetig, was sich wörtlich so beweisen läßt wie Satz 5 im Anhang zu Band I. Mithin existieren die Integrale über beliebige geschlossene Kurven C in G, $\oint_C F(z)\,\mathrm{d}z$. Nun folgt also, wenn L die Länge von C bezeichnet,

$$\left|\oint_C F(z)\,\mathrm{d}z - \oint_C S_n(z)\,\mathrm{d}z\right| = \left|\oint_C (F(z) - S_n(z))\,\mathrm{d}z\right| < \varepsilon \cdot L.$$

Da ε beliebig klein gemacht werden kann, folgt

$$\oint_C F(z)\,\mathrm{d}z = \lim_{n\to\infty} \oint S_n(z)\,\mathrm{d}z = 0,$$

da $\oint_C S_n(z)\,\mathrm{d}z = 0$, weil S_n als Summe von endlich vielen Funktionen, die alle holomorph sind, selbst holomorph ist, so daß wir den Cauchyschen Integralsatz anwenden können. Es verschwindet also $\oint_C F(z)\,\mathrm{d}z$ über jeden geschlossenen Weg in G; und nach dem Satz von Morera (S. 84) ist $F(z)$ mithin in G holomorph. Damit ist der erste Teil der Behauptung bewiesen, und es bleibt nur noch zu zeigen, daß die Ableitung $F'(z)$ in der Tat durch gliedweise Differentiation der Reihe erhalten werden kann.

Dazu benutzen wir die Cauchyschen Integralformeln

$$F'(z) = \frac{1}{2\pi\mathrm{i}} \oint_C \frac{F(\zeta)}{(\zeta - z)^2}\,\mathrm{d}\zeta$$

und

$$f_n'(z) = \frac{1}{2\pi\mathrm{i}} \oint_C \frac{f_n(\zeta)}{(\zeta - z)^2}\,\mathrm{d}\zeta,$$

wobei C irgendeine in G verlaufende einfach geschlossene Kurve bezeichnet, welche z im Innern enthält. Nun ist $\frac{f_n(\zeta)}{(\zeta - z)^2}$ in einem hinreichend kleinen Streifen um C, der z nicht enthält, holomorph in ζ, und die Reihe

$$\sum_{k=0}^{\infty} \frac{f_k(\zeta)}{(\zeta - z)^2} = \frac{1}{(\zeta - z)^2} \sum_{k=0}^{\infty} f_k(\zeta)$$

konvergiert dort gleichmäßig. Ist nämlich d der (positive) kleinste Abstand von z zu den Punkten des Streifens, so folgt aus

$$\left| \sum_{k=n+1}^{\infty} f_k(\zeta) \right| < \varepsilon$$

für $n \geqq N(\varepsilon)$:

$$\left| \sum_{k=n+1}^{\infty} \frac{f_k(\zeta)}{(\zeta - z)^2} \right| < \frac{\varepsilon}{d^2}.$$

Wegen der gleichmäßigen Konvergenz kann die Reihe gliedweise integriert werden[1], und das ergibt

$$F'(z) = \frac{1}{2\pi i} \oint \frac{F(\zeta)}{(\zeta - z)^2} d\zeta = \frac{1}{2\pi i} \oint \frac{\sum\limits_{k=0}^{\infty} f_k(\zeta)}{(\zeta - z)^2} d\zeta =$$

$$= \sum_{k=0}^{\infty} \frac{1}{2\pi i} \oint \frac{f_k(\zeta)}{(\zeta - z)^2} d\zeta = \sum_{k=0}^{\infty} f'_k(z).$$

Somit darf die Reihe gliedweise differenziert werden; die Konvergenz der differenzierten Reihe ist gleichmäßig, da für den Reihenrest gilt

$$\left| \sum_{k=n+1}^{\infty} f'_k(z) \right| = \left| \sum_{k=n+1}^{\infty} \frac{1}{2\pi i} \oint \frac{f_k(\zeta)}{(\zeta - z)^2} d\zeta \right| =$$

$$= \left| \frac{1}{2\pi i} \oint \frac{\sum\limits_{k=n+1}^{\infty} f_k(\zeta)}{(\zeta - z)^2} d\zeta \right| \leqq \frac{1}{2\pi} \frac{\varepsilon L}{d^2}.$$

Damit ist der Satz bewiesen.

[1] Daß eine gleichmäßig konvergente Reihe gliedweise integriert werden darf, wird der Leser selbst beweisen können; es sei hier aber noch einmal ausgeführt. Ist $\sum\limits_{k=0}^{\infty} g_k(z)$ gleichmäßig konvergent, der Reihenrest $\sum\limits_{k=n+1}^{\infty} g_k(z)$ also absolut kleiner als ε für $n \geqq N(\varepsilon)$, so ist das Integral über den Reihenrest, genommen längs einer Kurve der Länge L, absolut kleiner als $L \cdot \varepsilon$. Für $n \to \infty$ folgt daraus die gliedweise Integrierbarkeit. Das ist im wesentlichen dieselbe Überlegung wie auf S. 51 von Band II.

Die Voraussetzung, daß G einfach zusammenhängend sei, war übrigens nur beweistechnischer Natur. Man kann auf sie verzichten. Ist G nämlich ein mehrfach zusammenhängendes Gebiet, so läßt sich der Satz 10.1 sofort darauf verallgemeinern. Aus der gleichmäßigen Konvergenz im mehrfach zusammenhängenden Gebiet G folgt nämlich, daß die Reihe erst recht in einer in G gelegenen Kreisscheibe um z, also in einem einfach zusammenhängenden Gebiet, gleichmäßig konvergiert; und hier kann man den Satz 10.1 anwenden, so daß sich im Punkte z die Holomorphie der Grenzfunktion und die gliedweise Differenzierbarkeit der Reihe ergibt.

Nach den einleitenden Bemerkungen zu diesem Kapitel ist es auch selbstverständlich, daß der Grenzwert einer jeden gleichmäßig konvergenten Folge holomorpher Funktionen selbst holomorph ist, da sich ja jede Folge auch als Reihe darstellen läßt.

Abgesehen von der praktischen Brauchbarkeit haben diese Resultate auch ein prinzipielles Interesse. Sie zeigen, daß der Begriff der gleichmäßigen Konvergenz bei komplexen Funktionen besonders vernünftig ist: Hier verläßt man bei Bildung gleichmäßig konvergenter Reihen den Bereich der holomorphen Funktionen nicht; dieser Bereich ist also gegenüber dieser Operation ,,abgeschlossen“. Das ist im Reellen bekanntlich nicht der Fall, da man von der Grenzfunktion einer gleichmäßig konvergenten Reihe reell-analytischer Funktionen (etwa einer Reihe von Polynomen) nur aussagen kann, daß sie stetig ist, während diese Grenzfunktion im allgemeinen nicht einmal differenzierbar, geschweige denn analytisch zu sein braucht. Wieder einmal sieht man daran, wie natürlich die Betrachtung von Funktionen im Komplexen ist.

Reihenentwicklungen dienen oft dazu, unübersichtliche Funktionen mittels der Darstellung durch eine Reihe wohlbekannter Funktionen in den Griff zu bekommen, wie die Potenzreihen, die Laurentreihen und (im Reellen) die Fourierschen Reihen zeigen. Man wird fragen, ob sich auch für Funktionen, die nicht durchweg holomorph sind, Darstellungen durch Reihen angeben lassen, deren Glieder einfache Funktionen sind. Die nächsteinfachere Funktionenklasse nach den holomorphen Funktionen sind die meromorphen Funktionen, also die Funktionen, die mit Ausnahme von Polstellen in der ganzen Ebene holomorph sind, wobei die Pole noch so dünn verteilt sind, daß in jedem endlichen Teil der Ebene nur endlich viele von ihnen liegen. Wie die in der ganzen Ebene holomorphen Funktionen (also die ganzen Funktionen) Verallgemeinerungen der Polynome sind, so sind die meromorphen Funktionen Verallgemeinerungen der rationalen Funktionen. In der Tat haben die rationalen Funktionen ja nur endlich viele Polstellen und sind außerhalb derselben holomorph. Für die rationalen Funktionen haben wir nun eine sehr nützliche Darstellung durch einfachere Funktionen in Form der Partialbruchzerlegung; und es erhebt sich die Frage, ob eine solche Partialbruchzerlegung für beliebige meromorphe Funktionen existiert. Dies ist nach einem Satz des schwedischen Mathematikers Mittag-Leffler zutreffend.

Wir betrachten dazu eine meromorphe Funktion $f(z)$, welche an den Stellen $z_1, z_2, z_3, \ldots, z_n, \ldots$ Pole erster Ordnung haben möge und sonst holomorph sei. (Der Satz von Mittag-Leffler läßt sich auch allgemeiner für mehrfache Pole aussprechen, doch wollen wir uns hier auf den einfachsten Fall beschränken.) Die Bildung der Funktion

$$\frac{f(\zeta)}{\zeta - z}$$

hat sich schon oft bewährt; und wir wollen für ein festes $z \neq z_k$ diese Funktion von ζ untersuchen. Sie hat offenbar einfache Pole an den Stellen z_k, und dort gilt für das Residuum:

$$\operatorname*{Res}_{\zeta = z_k} \frac{f(\zeta)}{\zeta - z} = \lim_{\zeta \to z_k} (\zeta - z_k) \frac{f(\zeta)}{\zeta - z} = \frac{b_k}{z_k - z},$$

wobei wir mit b_k das Residuum von $f(z)$ selbst bezeichnet haben:

$$b_k = \operatorname*{Res}_{\zeta = z_k} f(\zeta) = \lim_{\zeta \to z_k} (\zeta - z_k) f(\zeta).$$

In $\zeta = z$ hat $\frac{f(\zeta)}{\zeta - z}$ höchstens einen Pol erster Ordnung, das Residuum ist $f(z)$. Der Residuensatz ergibt dann, wenn C_n irgendeine geschlossene Kurve bezeichnet, welche genau die Polstellen $z_1, \ldots, z_n$ im Innern enthält und keine Polstelle trifft:

$$\frac{1}{2\pi i} \oint_{C_n} \frac{f(\zeta)}{\zeta - z} \, d\zeta = \text{Summe der Residuen} = f(z) + \sum_{k=1}^{n} \frac{b_k}{z_k - z}.$$

Falls $z = 0$ selbst nicht zu den Polstellen gehört, ergibt sich daraus für $z = 0$ speziell

$$\frac{1}{2\pi i} \oint_{C_n} \frac{f(\zeta)}{\zeta} \, d\zeta = f(0) + \sum_{k=1}^{n} \frac{b_k}{z_k}.$$

Durch Subtraktion dieser beiden Gleichungen erhält man

$$f(z) - f(0) + \sum_{k=1}^{n} b_k \left\{ \frac{1}{z_k - z} - \frac{1}{z_k} \right\} =$$

$$= \frac{1}{2\pi i} \oint_{C_n} f(\zeta) \left\{\frac{1}{\zeta - z} - \frac{1}{\zeta}\right\} d\zeta = \frac{z}{2\pi i} \oint_{C_n} \frac{f(\zeta)}{\zeta(\zeta - z)} d\zeta .$$

Falls man nun zeigen kann, daß das Integral auf der rechten Seite für jedes feste z gegen Null konvergiert, wenn man bei $n \to \infty$ die Kurve C_n selbst beliebig groß werden läßt, so hätte man die Gültigkeit einer Partialbruchentwicklung

$$f(z) = f(0) + \sum_{k=1}^{\infty} b_k \left\{\frac{1}{z - z_k} + \frac{1}{z_k}\right\}$$

bewiesen und die gestellte Aufgabe gelöst. Wir müssen also das Integral

$$\oint \frac{f(\zeta)}{\zeta(\zeta - z)} d\zeta$$

näher untersuchen. Ist U_n der Umfang der Kurve C_n, ist $f(\zeta)$ auf C_n absolut genommen kleiner als M, und ist auf C_n $|\zeta| \geqq R_n$, so hat man wegen

$$|\zeta - z| \geqq |\zeta| - |z| \geqq R_n - |z|$$

die Integralabschätzung

$$\left| \oint_{C_n} \frac{f(\zeta)}{\zeta(\zeta - z)} d\zeta \right| \leqq \frac{M \cdot U_n}{R_n(R_n - |z|)} .$$

Falls es nun eine feste Zahl K so gibt, daß gilt $U_n \leqq K \cdot R_n$, so folgt tatsächlich, daß dieses Integral für $R_n \to \infty$ gegen Null geht. Diese Abschätzung für die Umfänge ist in den praktisch wichtigsten Fällen immer erfüllt; dies ist einmal der Fall, wenn C_n der Kreis vom Radius R_n um den Nullpunkt ist ($U_n = 2\pi R_n$), und ferner, wenn C_n ein Quadrat mit Mittelpunkt 0 und Seitenlänge $2 R_n$ ist ($U_n = 8 R_n$). Wir fassen das Ergebnis zusammen:

Satz 10.2 (Satz von der Partialbruchzerlegung nach Mittag-Leffler):

Es sei $f(z)$ eine meromorphe Funktion, welche in den einfachen Polen $z_1, z_2, \ldots$ die Residuen $b_1, b_2, \ldots$ habe. Im Nullpunkt sei $f(z)$ holomorph. Dann gilt die Partialbruchentwicklung

$$f(z) = f(0) + \sum_{k=1}^{\infty} b_k \left\{\frac{1}{z - z_k} + \frac{1}{z_k}\right\}$$

unter folgenden Voraussetzungen: Es gibt gewisse einfach geschlossene Kurven C_n, auf denen $|f(z)| \leqq M$ ist, die schließlich außerhalb beliebig großer Kreise (Radien R_n) liegen, und für deren Umfänge gilt $U_n \leqq K \cdot R_n$.

Man beachte, daß die Summanden $\frac{1}{z_n}$ für die Sicherung der Konvergenz sorgen. Die Reihe $\sum \frac{b_k}{z - z_k}$ wird i. a. nicht konvergieren, wie sich gleich an einem Beispiel zeigen wird.

Wir erläutern die Überlegungen am Beispiel der Funktion

$$f(z) = \frac{\pi}{\sin \pi z},$$

welche einfache Pole bei allen ganzzahligen Stellen der reellen Achse hat und sonst holomorph ist. Allerdings ist $f(z)$ im Nullpunkt nicht holomorph, so daß der Satz von Mittag-Leffler nicht direkt anwendbar ist; doch braucht man nur die Funktion $f(z) - \frac{1}{z}$ zu betrachten, welche im Nullpunkt durch den Wert 0 holomorph ergänzt werden kann. Als Wege C_n wird man hier Kreise oder Quadrate wählen, welche die Polstellen vermeiden. Wir entscheiden uns für die achsenparallelen Quadrate mit Mittel-

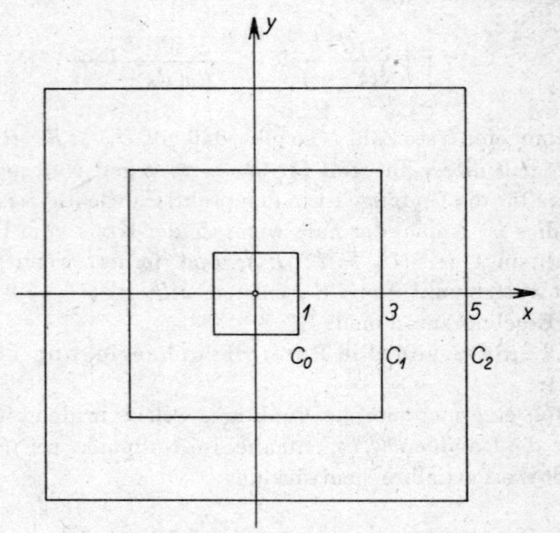

Fig. 37. Zur Partialbruchzerlegung von $\frac{\pi}{\sin \pi z}$

punkt 0 und Kantenlänge $2n + 1$ (Figur 37). Wir schätzen $f(z)$ auf diesen Wegen ab. Zunächst ist auf den vertikalen Seiten $\zeta = \pm \left(n + \frac{1}{2}\right) +$

$+ i y, |y| \leqq n + \frac{1}{2}$, und daher gilt dort

$$|f(\zeta)| = \left|\frac{\pi}{\sin \pi \zeta}\right| = \left|\frac{\pm \pi}{\cos \pi i y}\right| = \frac{\pi}{\cosh \pi y} \leqq \pi.$$

Auf den horizontalen Seiten ist $\zeta = \pm i\left(n + \frac{1}{2}\right) + x, |x| \leqq n + \frac{1}{2}$. Dort ist

$$|f(\zeta)| = \left|\frac{2 i \pi}{e^{i\pi\zeta} - e^{-i\pi\zeta}}\right| =$$

$$= \left|\frac{2\pi}{e^{i\pi x} e^{\mp\pi\left(n+\frac{1}{2}\right)} - e^{-i\pi x} e^{\pm\pi\left(n+\frac{1}{2}\right)}}\right| \leqq$$

$$\leqq \frac{2\pi}{\left|e^{\mp i\pi x} e^{\pi\left(n+\frac{1}{2}\right)}\right| - \left|e^{\pm i\pi x} e^{-\pi\left(n+\frac{1}{2}\right)}\right|} =$$

$$= \frac{2\pi}{e^{\pi\left(n+\frac{1}{2}\right)} - e^{-\pi\left(n+\frac{1}{2}\right)}} = \frac{\pi}{\sinh \pi\left(n + \frac{1}{2}\right)} \leqq$$

$$\leqq \frac{\pi}{\sinh \frac{\pi}{2}} \leqq \frac{\pi}{\frac{\pi}{2}} = 2 < \pi.$$

Für die Funktion $\frac{\pi}{\sin \pi z} - \frac{1}{z}$ haben wir also auf den Wegen C_n durchweg

$$\left|\frac{\pi}{\sin \pi z} - \frac{1}{z}\right| \leqq \left|\frac{\pi}{\sin \pi z}\right| + \frac{1}{|z|} \leqq \pi + 2 = M.$$

Mithin sind die Voraussetzungen des Satzes von der Partialbruchzerlegung erfüllt. Es sind jetzt noch die Residuen für $z = \pm n$ zu berechnen:

$$b_n = \operatorname*{Res}_{z=\pm n} \left\{\frac{\pi}{\sin \pi z} - \frac{1}{z}\right\} = \lim_{z \to n} (z \pm n) \left\{\frac{\pi}{\sin \pi z} - \frac{1}{z}\right\} = (-1)^n.$$

Wir erhalten also die Entwicklung:

$$\frac{\pi}{\sin \pi z} = \frac{1}{z} + \sum_{n=1}^{\infty} \left[(-1)^n \left\{\frac{1}{z-n} + \frac{1}{n}\right\} + (-1)^{-n} \left\{\frac{1}{z+n} - \frac{1}{n}\right\}\right].$$

Faßt man hierin die Glieder zu $+ n$ und $- n$ zusammen, so ergibt sich eine Entwicklung ohne konvergenzerzeugende Summanden:

$$\frac{\pi}{\sin \pi z} = \frac{1}{z} + \sum_{n=1}^{\infty} (-1)^n \left\{ \frac{1}{z-n} + \frac{1}{z+n} \right\} =$$

$$= \frac{1}{z} + \sum_{n=1}^{\infty} (-1)^n \frac{2z}{z^2 - n^2}.$$

Eine interessante Anwendung der Partialbruchzerlegung ergibt sich, wenn man die logarithmische Ableitung $\frac{f'(z)}{f(z)}$ einer ganzen Funktion betrachtet. Ist $f(z)$ also in der ganzen Ebene holomorph, ohne identisch zu verschwinden, so können in jedem endlichen Gebiet nur endlich viele Nullstellen liegen, denn sonst gäbe es eine konvergente Folge von Nullstellen, woraus folgen würde, daß f identisch gleich Null wäre. Ist z_k eine Nullstelle der Ordnung n_k, so ist

$$f(z) = (z - z_k)^{n_k} F(z), \quad F(z_k) \neq 0.$$

Es folgt $\frac{f'(z)}{f(z)} = \frac{n_k}{z - z_k} + \frac{F'(z)}{F(z)}$, so daß diese logarithmische Ableitung nur Pole erster Ordnung mit den Residuen n_k besitzt. Falls es nun Kurven C_n gibt, welche den Voraussetzungen des Satzes von Mittag-Leffler genügen — und das braucht durchaus nicht immer der Fall zu sein —, dann läßt sich die logarithmische Ableitung in eine Partialbruchreihe entwickeln:

$$\frac{f'(z)}{f(z)} = \frac{f'(0)}{f(0)} + \sum_{k=1}^{\infty} \left\{ \frac{n_k}{z - z_k} + \frac{n_k}{z_k} \right\}.$$

Diese Reihe konvergiert gleichmäßig längs jedes Weges, der die Polstellen von $\frac{f'}{f}$ (also die Nullstellen von f) vermeidet. Mithin ist gliedweise Integration gestattet, und man erhält

$$\log f(z) - \log f(0) = \int_0^z \frac{f'(\zeta)}{f(\zeta)} d\zeta = \log C + \frac{f'(0)}{f(0)} z +$$

$$+ \sum_{k=1}^{\infty} n_k \left[\log (\zeta - z_k)\right]_0^z + \frac{n_k z}{z_k},$$

wobei dieses Integral natürlich vom Integrationsweg zwischen 0 und z abhängen wird. Wählt man einen anderen Integrationsweg, so kann sich das Ergebnis nur um ein ganzzahliges Vielfaches von $2\pi i$ ändern, denn zwischen den beiden Wegen können ja nur höchstens endlich viele Pole liegen, deren Residuen sämtlich ganzzahlig sind, nämlich gleich den Vielfachheiten n_k der entsprechenden Nullstellen von $f(z)$. Geht man also zur Exponentialfunktion über, so ergibt sich eine eindeutige Funktion:

$$\frac{f(z)}{f(0)} = C\, e^{\frac{f'(0)}{f(0)}z} \cdot \exp\left\{\sum_{k=1}^{\infty} n_k \log\left(\frac{z - z_k}{-z_k}\right) + \frac{n_k}{z_k} z\right\} =$$

$$= e^{\frac{f'(0)}{f(0)}z} \prod_{k=1}^{\infty} \left(1 - \frac{z}{z_k}\right)^{n_k} e^{\frac{n_k}{z_k}\cdot z}.$$

Die Integrationskonstante C ist nämlich notwendigerweise gleich 1, wie man durch Einsetzen von $z = 0$ erkennt. Die Konvergenz des hier auftretenden unendlichen Produkts ist unter den angegebenen Voraussetzungen eine Folge der Konvergenz der vorhergehenden Summe, so daß Konvergenzüberlegungen für unendliche Produkte hier gar nicht herangezogen zu werden brauchen.

Man beachte, daß diese sogenannte Weierstraßsche Produktdarstellung natürlich nur dann gilt, wenn für $\frac{f'}{f}$ die Voraussetzungen des Satzes von Mittag-Leffler gelten, wenn es also insbesondere eine Schar geschlossener Kurven gibt, auf denen die logarithmische Ableitung gleichmäßig beschränkt bleibt und die schließlich weit vom Nullpunkt entfernt verlaufen.

Auch die Weierstraßsche Produktdarstellung ist eine Verallgemeinerung eines wohlbekannten Satzes für elementare Funktionen. Polynome lassen sich ja bekanntlich als Produkte aus Linearfaktoren schreiben, wenn ihre Nullstellen nach Lage und Vielfachheit bekannt sind:

$$P(z) = a_n(z - z_1)^{n_1} \cdots (z - z_j)^{n_j} = A \cdot \prod_{k=1}^{j} \left(1 - \frac{z}{z_k}\right)^{n_k}.$$

Wir haben also wiederum einen für Polynome gültigen Satz auf eine allgemeinere Klasse von ganzen Funktionen verallgemeinert.

Beispiele geben wir am Ende des Kapitels.

Wir kommen schließlich noch zu einem ganz anderen Typ von Reihenentwicklungen, den sogenannten asymptotischen Reihen. Es handelt sich dabei um Reihen, welche für alle z divergent sind, also anscheinend überhaupt sinnlos sind. Trotzdem kann man durch solche Reihen, wenn man sie nach einer bestimmten endlichen Anzahl von Gliedern abbricht, oft numerisch recht brauchbare Approximationen von Funktionen erhalten, welche sich auf andere Weise nicht leicht berechnen ließen. Wir beginnen mit einem Beispiel, das wir zunächst nur für positive reelle x untersuchen wollen:

$$f(x) = e^x \int_x^\infty t^{-1} e^{-t} \, dt = \int_x^\infty t^{-1} e^{x-t} \, dt .$$

Diese Funktion ist für $x > 0$ offenbar analytisch, und sie kann daher ins Komplexe analytisch fortgesetzt werden. Durch wiederholte partielle Integration ergibt sich für unsere Funktion sukzessive:

$$\begin{aligned} f(x) &= \frac{1}{x} - \int_x^\infty \frac{1}{t^2} e^{x-t} \, dt = \\ &= \cdots = \\ &= \frac{1}{x} - \frac{1}{x^2} + \frac{2!}{x^3} - \cdots + \frac{(-1)^{n-1} (n-1)!}{x^n} + \\ &\qquad + (-1)^n \, n! \int_x^\infty \frac{e^{x-t}}{t^{n+1}} \, dt . \end{aligned}$$

Die Reihe mit den Partialsummen

$$S_n(x) = \frac{1}{x} - \frac{1}{x^2} + \frac{2!}{x^3} - \cdots + \frac{(-1)^n \, n!}{x^{n+1}}$$

ist für alle positiven x divergent, wie man z. B. mit dem Quotientenkriterium erkennt:

$$\left| \frac{(-1)^{m+1} (m+1)!}{x^{m+2}} \Big/ \frac{(-1)^m \, m!}{x^{m+1}} \right| = \frac{m+1}{|x|}$$

geht für $m \to \infty$ gegen ∞, ist also sicher nicht kleiner als ein $q < 1$. Trotz ihrer Divergenz läßt sich die Reihe aber zur praktischen Berechnung der Funktionswerte benutzen. Es ist nämlich

$$|f(x) - S_n(x)| = (n+1)! \int_x^\infty \frac{e^{x-t}}{t^{n+2}} \, dt,$$

und da $e^{x-t} \leqq 1$, folgt

$$|f(x) - S_n(x)| \leqq (n+1)! \int_x^\infty \frac{dt}{t^{n+2}} = \frac{n!}{x^{n+1}} .$$

Für hinreichend große x kann diese Differenz für geeigente n sehr klein sein, z. B. bei $2n \leqq x$

$$|f(x) - S_n(x)| \leqq \frac{n!}{(2n)^{n+1}}.$$

Daß die Approximation für große x tatsächlich beliebig genau wird, sieht man an der Ungleichung

$$\frac{n!}{(2n)^{n+1}} \leqq \frac{1}{2^{n+1}n^2},$$

Es folgt jetzt, daß für $x \geqq 2$, $n = 1$ der Fehler bereits kleiner als $\frac{1}{4}$ ist, und für $n = 5$, $x \geqq 10$ ergibt sich bereits

$$|f(x) - S_n(x)| \leqq \frac{5!}{10^6} = 1{,}2 \cdot 10^{-4}.$$

Die große numerische Bedeutung einer solchen asymptotischen Entwicklung wird daraus bereits deutlich. Übrigens gelten unsere Überlegungen im wesentlichen auch noch, wenn x durch eine komplexe Zahl mit positivem Realteil ersetzt wird; man vergleiche Beispiel 8.

Allgemein definiert man

$$f(z) \sim \sum_{n=0}^{\infty} \frac{A_n}{z^n}$$

(in Worten: Die divergente Reihe $\sum_{n=0}^{\infty} \frac{A_n}{z^n}$ mit den Partialsummen

$$S_n(z) = A_0 + \frac{A_1}{z} + \cdots + \frac{A_n}{z^n}$$

heißt asymptotische Entwicklung von $f(z)$), wenn

$$\lim_{|z| \to \infty} |z^n (f(z) - S_n(z))| = 0 \quad \text{für jedes feste } n,$$

obwohl

$$|z^n(f(z) - S_n(z))| \to \infty \quad \text{für festes } z.$$

Man kann also $|f(z) - S_n(z)| < \frac{\varepsilon}{|z|^n}$ für jedes $\varepsilon > 0$ erreichen, wenn man nur $|z|$ genügend groß macht.

Aufgaben und Beispiele

1. Man entwickle die Funktion $f(z) = \pi \cot \pi z$ in eine Partialbruchreihe!

Anleitung: Man kann im wesentlichen wie bei der Partialbruchzerlegung von $\frac{\pi}{\sin \pi z}$ verfahren, welche im Haupttext behandelt wurde. Als Wege C_n eigenen sich die gleichen Quadrate wie dort. Die Abschätzung auf den vertikalen Seiten ist

$$\left|f(\zeta)\right| = \left|\frac{-\pi \sin \pi \mathrm{i}\, y}{\cos \pi \mathrm{i}\, y}\right| = \pi \left|\tanh y\right| < \pi,$$

und auf den horizontalen Seiten sei die Abschätzung dem Leser überlassen. $f(z)$ ist also auf den Wegen C_n gleichmäßig beschränkt, die Partialbruchzerlegung existiert. Sämtliche Residuen sind gleich 1, so daß man erhält:

$$\pi \cot \pi z = \frac{1}{z} + \sum_{n=1}^{\infty} \left(\frac{1}{z-n} + \frac{1}{n}\right) + \left(\frac{1}{z+n} - \frac{1}{n}\right) =$$

$$= \frac{1}{z} + \sum_{n=1}^{\infty} \left(\frac{1}{z-n} + \frac{1}{z+n}\right) = \frac{1}{z} + 2z \sum_{n=1}^{\infty} \frac{1}{z^2 - n^2}.$$

2. Im Anschluß an Beispiel 1 beweise man

$$\frac{\pi^2}{\sin^2 \pi z} = \sum_{n=-\infty}^{+\infty} \frac{1}{(z-n)^2}.$$

(Hier liegt also eine Partialbruchzerlegung im Falle von Doppelpolen vor!)

Anleitung: Die Reihe aus Beispiel 1 konvergiert in kleinen Umgebungen jeder Stelle (außerhalb der Pole) gleichmäßig; das folgt entweder aus allgemeinen Überlegungen, oder man kann es direkt einsehen, da die Reihe eine konvergente Majorante von Typ $\sum \frac{1}{n^2}$ besitzt. Es ist also gliedweise Differentiation zulässig, und man erhält:

$$\pi (\cot \pi z)' = -\frac{\pi^2}{\sin^2 \pi z} = -\frac{1}{z^2} - \sum_{n=1}^{\infty} \left(\frac{1}{(z-n)^2} + \frac{1}{(z+n)^2}\right)$$

oder

$$\frac{\pi^2}{\sin^2 \pi z} = \frac{1}{z^2} + \sum_{n=1}^{\infty} \left\{\frac{1}{(z-n)^2} + \frac{1}{(z+n)^2}\right\}.$$

3. Man entwickle die Funktion $\sin \pi z$ in ein unendliches Produkt.

Anleitung: Setzt man

$$f(\zeta) = \frac{\sin \pi \zeta}{\zeta},$$

was durch $f(0) = \pi$ holomorph ergänzt werde, so ist

$$f'(\zeta) = \frac{\pi \cos \pi \zeta}{\zeta} - \frac{\sin \pi \zeta}{\zeta^2}$$

und also

$$\frac{f'(\zeta)}{f(\zeta)} = \pi \cot \pi \zeta - \frac{1}{\zeta}.$$

Diese Funktion ist nach Beispiel 1 in eine Mittag-Lefflersche Partialbruchreihe entwickelbar:

$$\frac{f'(\zeta)}{f(\zeta)} = \sum_{n=1}^{\infty} \left\{\frac{1}{\zeta - n} + \frac{1}{\zeta + n}\right\}.$$

Nach den allgemeinen Formeln des Haupttextes folgt

$$\frac{f(z)}{f(0)} = e^{\frac{f'(0)}{f(0)} z} \prod_{n=1}^{\infty} \left(1 - \frac{z}{n}\right) e^{\frac{z}{n}} \left(1 + \frac{z}{n}\right) e^{-\frac{z}{n}}$$

und mithin die gesuchte Produktdarstellung:

$$\sin \pi z = \pi \cdot z \prod_{n=1}^{\infty} \left(1 - \frac{z^2}{n^2}\right).$$

4. Produktdarstellung der Gammafunktion.
Für $x \neq 0, -1, -2, -3, \ldots$ kann man definieren:

$$\Gamma(x) = \lim_{n \to \infty} \frac{n!\, n^x}{x(x+1) \cdots (x+n)} = \lim_{n \to \infty} \frac{e^{x \ln n}}{\frac{x}{1} \cdot \frac{x+1}{1} \cdot \frac{x+2}{2} \cdots \frac{x+n}{n}}.$$

Diese Gammafunktion interpoliert die Fakultäten, da für positives ganzes $x = m$

$$\Gamma(m) = \lim_{n \to \infty} \frac{n!\, n^m}{m(m+1) \ldots (m+n)} =$$

$$= (m-1)! \lim_{n \to \infty} \frac{n!\, n^m}{(m+n)!} = (m-1)!,$$

weil

$$\frac{n!\, n^m}{(m+n)!} = \frac{n^m}{(n+1) \ldots (n+m)} = \frac{1}{\left(1 + \frac{1}{n}\right)\left(1 + \frac{2}{n}\right) \ldots \left(1 + \frac{m}{n}\right)}$$

bei festem m für $n \to \infty$ den Grenzwert 1 hat. Man kann die Definition

$$\Gamma(z) = \lim_{n\to\infty} \frac{n!\, e^{z \ln n}}{z(z+1)\ldots(z+n)}$$

auch für alle komplexen z, welche von 0 und den negativen ganzen Zahlen verschieden sind, aussprechen (die Konvergenz der Folge beweise der Leser selbst). Man erhält daraus

$$\Gamma(z) = \lim_{n\to\infty} \frac{e^{z\left[\ln n - 1 - \frac{1}{2} - \frac{1}{3} - \cdots - \frac{1}{n}\right]}}{z} \cdot \frac{e^z}{1+z} \cdot \frac{e^{\frac{z}{2}}}{1+\frac{z}{2}} \cdots$$

$$\cdot \frac{e^{\frac{z}{n}}}{1+\frac{z}{n}} = \frac{e^{-\gamma z}}{z} \cdot \prod_{n=1}^{\infty} \frac{e^{\frac{z}{n}}}{1+\frac{z}{n}} \,.$$

Hierin bedeutet γ die sogenannte Eulersche Konstante

$$\gamma = \lim_{n\to\infty} \left[\left(1 + \frac{1}{2} + \frac{1}{3} + \cdots + \frac{1}{n}\right) - \ln n\right] = 0{,}5772\ldots$$

(vergleiche dazu das nachfolgende Beispiel); die Konvergenz des unendlichen Produktes ist gesichert, da ja die linke Seite der obigen Gleichung konvergiert. Reziprok genommen, handelt es sich um die Weierstraßsche Produktentwicklung

$$\frac{1}{\Gamma(z)} = z\, e^{\gamma z} \prod_{n=1}^{\infty} \left(1 + \frac{z}{n}\right) e^{-\frac{z}{n}} .$$

Das ist die Produktdarstellung einer ganzen Funktion, welche lediglich in $z = 0, -1, -2, \ldots$ einfache Nullstellen hat. Also ist $\frac{1}{\Gamma(z)}$ holomorph, somit auch $\Gamma(z)$ selbst außerhalb der Polstellen $0, -1, -2, \ldots$. Zugleich hat man damit die analytische Fortsetzung der zunächst nur auf der positiven reellen Achse definierten Gammafunktion.

5. Man zeige, daß die Folge

$$a_n = \left(1 + \frac{1}{2} + \frac{1}{3} + \cdots + \frac{1}{n}\right) - \ln n$$

konvergiert und einen Grenzwert zwischen 0 und 1 besitzt. (Dieser Grenzwert γ heißt Eulersche Konstante, der Wert ist übrigens $\gamma = 0{,}5772156649\ldots$)

Anleitung: Durch Betrachtung der Ober- und Untersummen zum Integral über die Funktion $\frac{1}{x}$ (Figur 38) erkennt man

$$0 < a_n < 1 .$$

Außerdem ist offenbar

$$a_n - a_{n+1} = \int_n^{n+1} \frac{dx}{x} - \frac{1}{n+1} > 0,$$

so daß a_n eine monoton fallende, nach unten durch 0 beschränkte Folge ist (Band I, S. 118).

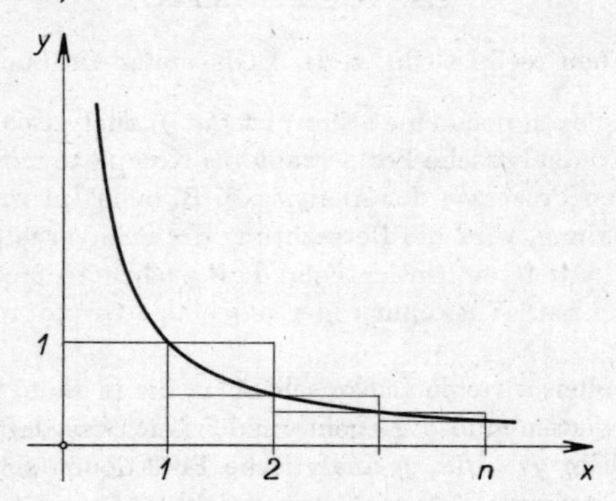

Fig. 38. Zur Eulerschen Konstanten

6. Man zeige, daß $\Gamma(z)\,\Gamma(-z) = -\dfrac{\pi}{z \sin \pi z}$.

Anleitung: Vgl. Beispiele 3 und 4.

7. Man zeige, daß die im Haupttext angegebene asymptotische Entwicklung

$$f(x) \sim \frac{1}{x} - \frac{1}{x^2} + \frac{2!}{x^3} - \frac{3!}{x^4} + - \cdots$$

sich auf alle komplexen z mit positivem Realteil übertragen läßt!

Anleitung: Man wird die Funktion für diese z erklären durch das Integral

$$f(z) = \int_C \zeta^{-1}\, e^{z-\zeta}\, d\zeta\,,$$

wobei der Integrationsweg längs des von z ins Unendliche gehenden Halbstrahls verläuft. Dies ist in der Tat die analytische Fortsetzung unserer Funktion, da das Integral konvergiert (wegen $|e^{-\zeta}| = e^{-|\zeta| \cos \varphi}$) und die dadurch definierte Funktion holomorph ist. Da auch hier die partielle Integration wie auf der reellen Achse ausgeführt werden kann, und da auf unserem Integrationsweg gilt $|e^{z-\zeta}| = e^{-\{|\zeta| - |z|\} \cos \alpha} \leqq 1$, läßt sich die Abschätzung aus dem Haupttext auch hierher verallgemeinern.

Kapitel XI

DIFFERENTIALGLEICHUNGEN IM KOMPLEXEN

Vielfach haben reelle DGln, z. B. DGln erster Ordnung $\frac{dy}{dx} = f(x, y)$ auch im Komplexen noch einen Sinn; ist $f(x, y)$ analytisch in beiden Variablen, so wird analytische Fortsetzung ins Komplexe möglich sein, und wie bei anderen Prozessen der Analysis, z. B. beim Integrieren oder der Reihenentwicklung, wird die Betrachtung des Sachverhalts im Komplexen auch hier zu tieferen Einsichten und oft auch zu einfacheren Behandlungsweisen führen. Wir können hier nur einige Grundprobleme behandeln.

Zunächst wollen wir eine Lücke schließen, die in Band III, Kapitel 4, offengelassen werden mußte. Es geht um den Nachweis dafür, daß die Lösungen der DGln $y' = f(x, y)$ analytische Funktionen sind, falls $f(x, y)$ selbst eine konvergente Potenzreihenentwicklung in x, y besitzt. Wir betrachten sogleich allgemeiner die komplexe DGl

$$\frac{dw}{dz} = f(z, w)$$

in der f als in beiden Variablen holomorph vorausgesetzt sei. Aus der Existenz und Stetigkeit der Ableitung nach w folgt wie im Reellen die Gültigkeit einer Lipschitz-Bedingung:

$$|f(z, w) - f(z, \tilde{w})| \leqq L\,|w - \tilde{w}|,$$

in einer Umgebung von (z_0, w_0). Wir versuchen auch hier wie im Anhang zu Band III das Verfahren der sukzessiven Approximationen zur Berechnung der Lösung $w(z)$ mit $w(z_0) = w_0$. Zunächst ist

$$w_1(z) = w_0 + \int_{z_0}^{z} f(\zeta, w_0)\, d\zeta$$

selbst holomorph, da die Ableitung existiert; natürlich kommt es auf den Weg von z_0 nach z nicht an, weil der Integrand holomorph in ζ ist. Nun kann man sukzessive holomorphe Funktionen erhalten,

$$w_{n+1}(z) = w_0 + \int_{z_0}^{z} f(\zeta, w_n(\zeta))\, d\zeta.$$

Aus der Lipschitz-Bedingung folgt

$$|w_{n+1}(z) - w_n(z)| \leqq L \cdot |z - z_0| \max |w_n - w_{n-1}| <$$
$$< L\,a \cdot \max |w_n - w_{n-1}|,$$

wobei wir ohne Beschränkung der Allgemeinheit die Strecke von z_0 nach z als Integrationsweg gewählt haben und uns auf einen Kreis $|z - z_0| < a$ beschränken. Ist a ferner so klein, daß $L\,a < 1$, so kann man wie im Reellen eine geometrische Majorante erhalten, genauer wegen

$$\max |w_{n+1} - w_n| < L\,a \cdot \max |w_n - w_{n-1}| <$$
$$< (L\,a)^2 \cdot \max |w_{n-1} - w_{n-2}| <$$
$$< (L\,a)^n \max |w_1 - w_0|$$

unter Anwendung der Dreiecksungleichung

$$|w_{n+p}(z) - w_n(z)| < |(w_{n+p} - w_{n+p-1}) + (w_{n+p-1} - w_{n+p-2}) +$$
$$+ \cdots + (w_{n+1} - w_n)| <$$
$$< \max |w_1 - w_0|\, (L\,a)^n\, ((L\,a)^{p-1} + \cdots + (L\,a) + 1)$$
$$< \frac{\max |w_1 - w_0|}{1 - L\,a} \cdot (L\,a)^n.$$

Die rechte Seite kann für $n \geqq N(\varepsilon)$ kleiner als ε gemacht werden, so daß die Funktionenfolge konvergiert; die Grenzfunktion sei $w(z)$. Läßt man in der soeben bewiesenen Ungleichung p gegen Unendlich gehen, so folgt

$$|w(z) - w_n(z)| \leqq \frac{\max |w_1 - w_0|}{1 - L\,a} (L\,a)^n.$$

Die Konvergenz der Folge $w_n(z)$ gegen $w(z)$ ist also sogar gleichmäßig, weil hier die rechte Seite nicht von z abhängt. Da alle $w_n(z)$ holomorph sind, ist nach Satz 10.1 auch $w(z)$ holomorph. Nun kann in der Gleichung

$$w_{n+1}(z) = w_0 + \int_{z_0}^{z} f(\zeta, w_n(\zeta))\, \mathrm{d}\zeta$$

der Grenzübergang $n \to \infty$ ausgeführt werden, man erhält eine Integralgleichung, die nach z differenziert ergibt

$$\frac{\mathrm{d}w}{\mathrm{d}z} = f(z, w) \text{ mit } w(z_0) = w_0.$$

Die Eindeutigkeit dieser Lösung folgt wie im Reellen. Das rechtfertigt nachträglich die Methode des Potenzreihensatzes bei analytischer rechter Seite einer DGl, und damit haben wir die früher offengebliebene Lücke geschlossen.

Ganz entsprechend lassen sich DGln höherer Ordnung und Systeme behandeln. Dies wird dem Leser einleuchten, wenn er sich neben den soeben durchgeführten Überlegungen noch einmal den Anhang zu Band III vergegenwärtigt.

Es sei nachdrücklich vor einem naheliegenden Fehlschluß gewarnt. Selbst wenn $f(z, w)$ eine für alle z, w konvergente Potenzreihe ist, braucht eine Lösung $w(z)$ nicht notwendig eine ganze Funktion zu sein, die Lösungen können Singularitäten haben. Als Beispiel nehmen wir

$$\frac{\mathrm{d}w}{\mathrm{d}z} = 1 + w^2$$

mit dem vollständigen Integral $w(z) = \tan(z + C)$. Da die Integrationskonstante C auch komplex sein darf, sieht man, daß hier jede komplexe Zahl als Singularität geeigneter Lösungen auftritt, obwohl $f(z, w)$ sich für alle z, w regulär verhält. Man kann also i. a. der DGl nicht ohne weiteres ansehen, ob und wo die Lösungen Singularitäten haben. Allerdings wird sich zeigen, daß die Verhältnisse bei den besonders wichtigen linearen DGln anders liegen. Da an den DGln zweiter Ordnung schon alles Charakteristische zu erkennen ist und da sie für die Zwecke der Anwendung meist ausreichen, begnügen wir uns hier mit der Untersuchung der DGln

$$w'' + p(z)\, w' + q(z)\, w + r(z) = 0.$$

Die DGl ist äquivalent zu dem System erster Ordnung,

$$w' = v,$$
$$v' = -p\,v - q\,w - r,$$

auf das die Methode der sukzessiven Approximation wie in Band III, Anhang, angewendet werden kann. Da die DGl linear ist, läßt sich mit dieser Methode zeigen, daß Singularitäten der Lösungen nicht außerhalb der singulären Stellen der Koeffizienten auftreten können.

Es interessiert in erster Linie die homogene DGl, da die Verfahren zur Bestimmung eines Partikularintegrals der inhomogenen DGl natürlich nicht anders aussehen als im Reellen.

Wir setzen nun voraus, daß in der DGl

$$w'' + p(z)\, w' + q(z)\, w = 0$$

die Funktionen $p(z)$, $q(z)$ eindeutig und holomorph sind für alle z mit Ausnahme von endlich vielen singulären Stellen. Es sei ζ eine solche Stelle, an der entweder p oder q (oder beide) singulär sind. Wir betrachten einen Kreis um ζ, der sonst keine Singularität der Koeffizienten enthält. Es sei

z_0 ein Punkt in diesem Kreis; dann gibt es zwei linear unabhängige Lösungen der DGl, w_1 und w_2, welche in einer Umgebung von z_0 holomorph sind. Wir setzen diese Lösungen längs eines einfach geschlossenen Weges um ζ herum analytisch fort, bis wir wieder Funktionen erhalten,

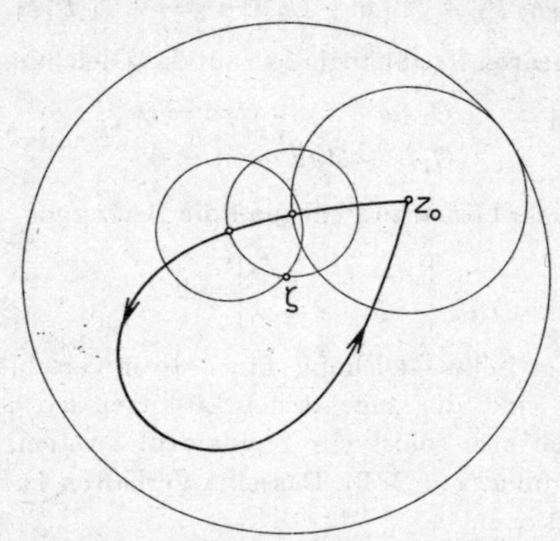

Fig. 39. Zur analytischen Fortsetzung der Lösungen

die durch Potenzreihen w_1, w_2 um z_0 gegeben sind. (Fig. 39) Es seien $w_1 = P_1(z - z_0)$, $w_2 = P_2(z - z_0)$, $\tilde{w}_1 = \tilde{P}_1(z - z_0)$, $\tilde{w}_2 = \tilde{P}_2(z - z_0)$ die zugehörigen Potenzreihenentwicklungen. Daß diese analytische Fortsetzung längs eines Weges, der keine Singularität trifft, möglich ist, folgt aus der oben erwähnten Eigenschaft der Lösungen linearer DGln, daß sie Singularitäten nur da haben können, wo die Koeffizienten singulär werden. Nun müssen auch $\tilde{P}_1$, $\tilde{P}_2$ linear unabhängig sein, da sich die Eigenschaft der linearen Unabhängigkeit bei analytischer Fortsetzung erhält. Da P_1, P_2 ein Fundamentalsystem bilden, muß gelten

$$\tilde{P}_1 = a\,P_1 + b\,P_2$$
$$\tilde{P}_2 = c\,P_1 + d\,P_2,$$

wobei wegen der linearen Unabhängigkeit $a\,d - b\,c \neq 0$. Ist nun mit Integrationskonstanten C_1, C_2 $w(z)$ irgendeine andere Lösung,

$$w = C_1\,P_1 + C_2\,P_2,$$

so wird bei analytischer Fortsetzung längs C daraus

$$\begin{aligned}\tilde{w} &= C_1\,\tilde{P}_1 + C_2\,\tilde{P}_2 = \\ &= C_1\,(a\,P_1 + b\,P_2) + C_2(c\,P_1 + d\,P_2) = \\ &= (C_1\,a + C_2\,c)\,P_1 + (C_1\,b + C_2\,d)\,P_2.\end{aligned}$$

Wir fragen nun, ob es Lösungen gibt, welche sich bei der analytischen Fortsetzung nur mit einem Faktor multiplizieren (multiplikative Lösungen). Wir erhalten aus $\tilde{w} = \lambda \cdot w$:

$$(C_1 a + C_2 c) P_1 + (C_1 b + C_2 d) P_2 = \lambda C_1 P_1 + \lambda C_2 P_2 ,$$

was wegen der linearen Unabhängigkeit auf das Gleichungssystem führt:

$$C_1 (a - \lambda) + C_2 c = 0$$
$$C_1 b + C_2 (d - \lambda) = 0.$$

Für die nichttriviale Lösbarkeit hat man die Bedingung

$$\begin{vmatrix} a - \lambda & c \\ b & d - \lambda \end{vmatrix} = 0.$$

Falls diese quadratische Gleichung für λ zwei verschiedene Wurzeln λ_1, λ_2 besitzt, so sind die zugehörigen Lösungen w_1, w_2 linear unabhängig und bilden also selbst ein Fundamentalsystem. Beim Umlauf geht w_k in $\lambda_k w_k$ über ($k = 1, 2$). Dasselbe Verhalten haben bei diesem Umlauf die Funktionen

$$\varphi_k(z) = (z - \zeta)^{r_k}, \quad r_k = \frac{\log \lambda_k}{2 \pi i},$$

denn sie gehen wegen $\varphi_k = \exp \left[\frac{\log \lambda_k}{2 \pi i} \cdot \log(z - \zeta)\right]$ über in

$$\exp \left[\frac{\log \lambda_k}{2 \pi i} \cdot (\log(z - \zeta) + 2 \pi i)\right] = \lambda_k \varphi_k .$$

Also ist der Quotient $w_k(z)/(z - \zeta)^{r_k}$ eine in der Umgebung von ζ eindeutige holomorphe Funktion von z, die also eine Laurent-Entwicklung gestattet:

$$\frac{w_k(z)}{(z - \zeta)^{r_k}} = \sum_{n=-\infty}^{+\infty} a_n (z - \zeta)^n .$$

In diesem Falle also kann man für zwei Fundamentallösungen den Ansatz machen

$$w(z) = (z - \zeta)^r \sum_{n=-\infty}^{+\infty} a_n (z - \zeta)^n .$$

Wir haben im Falle des Vorhandenseins isolierter Singularitäten der Koeffizienten zwar natürlich nicht die Möglichkeit, für die Lösungen Potenzreihen oder auch nur Laurent-Reihen anzusetzen; aber immerhin ist der nun gefundene Ansatz eine noch relativ einfache Verallgemeinerung der Laurentreihen: Es muß lediglich eine Potenz mit nicht notwendig ganzen Exponenten noch als Faktor genommen werden. Dieses Ergebnis ist überraschend einfach, da ja nicht alle Funktionen, welche in ζ singulär sind, eine solche Darstellung gestatten; für die Lösungen von linearen DGln aber trifft das zu.

Allerdings ist noch der Fall nachzutragen, daß die beiden Wurzeln λ_1, λ_2 gleich sind. Hier kann man jedenfalls noch wenigstens eine multiplikative Lösung finden, $\tilde{w}_1 = \lambda_1 w_1$. Für die andere linear unabhängige Lösung kann man nur $\tilde{w}_2 = c\, w_1 + d\, w_2$ ansetzen. Hier ist die zugehörige Determinante

$$\begin{vmatrix} \lambda_1 - \lambda & c \\ 0 & d - \lambda \end{vmatrix} = 0.$$

Diese Gleichung muß aber eine Doppelwurzel haben, denn sonst könnten wir wie oben zwei linear unabhängige multiplikative Lösungen finden; also ist $d = \lambda_1$. Wir haben also

$$\begin{aligned} \tilde{w}_1 &= \lambda_1 w_1 \\ \tilde{w}_2 &= c\, w_1 + \lambda_1 w_2, \end{aligned}$$

so daß sich ergibt, weil $\lambda_1 = 0$ offenbar ausscheidet,

$$\frac{\tilde{w}_2}{\tilde{w}_1} = \frac{w_2}{w_1} + \frac{c}{\lambda_1}.$$

Der Quotient hat also beim Umlauf den Zuwachs $\frac{c}{\lambda_1}$, genauso wie die Funktion $\frac{c}{\lambda_1} \cdot \frac{\log(z - \zeta)}{2\pi i}$. Daher ändert sich die Funktion

$$\frac{w_2}{w_1} - \frac{c}{\lambda_1 \cdot 2\pi i} \log(z - \zeta)$$

beim Umlauf überhaupt nicht, sie ist also eine für $z \neq \zeta$ eindeutige holomorphe Funktion und besitzt eine Laurent-Entwicklung

$$\frac{w_2}{w_1} - \frac{c}{\lambda_1 \cdot 2\pi i} \log(z - \zeta) = \sum_{n=-\infty}^{+\infty} b_n (z - \zeta)^n,$$

so daß wir für die zweite Fundamentallösung erhalten:

$$w_2 = \frac{c}{\lambda_1\, 2\pi i} w_1 \cdot \log(z - \zeta) + w_1 \cdot \sum_{n=-\infty}^{+\infty} b_n (z - \zeta)^n.$$

Übrigens hätte man bei Kenntnis der Lösung w_1 natürlich auch die Methode der Reduktion der Ordnung anwenden können, um die zweite

Lösung zu finden. Das letzte Glied der Formel läßt sich selbst wieder als Laurentreihe auffassen. Damit erhält man zusammenfassend:

Satz 11.1: Die Funktionen $p(z)$, $q(z)$ seien in der ganzen Ebene eindeutig und holomorph, mit Ausnahme von endlich vielen Stellen. Für ein Fundamentalsystem der DGl $w'' + p\,w' + q\,w = 0$ in der Umgebung einer singulären Stelle ζ gilt dann (wir kürzen Laurent-Reihen mit LR ab):

$$w_1 = (z - \zeta)^{r_1} \cdot LR$$
$$w_2 = (z - \zeta)^{r_2} \cdot LR$$

oder

$$w_1 = (z - \zeta)^r \, LR$$
$$w_2 = k \cdot w_1 \log(z - \zeta) + (z - \zeta)^r \, LR$$
$$(k = \text{const}).$$

Übrigens gilt selbstverständlich auch hier wieder, daß Entwicklungen um den Punkt ∞ erhalten werden, wenn man die Transformation $z = 1/\tilde{z}$ durchführt und das Verhalten der transformierten DGl im Nullpunkt untersucht.

In Band III, Kapitel 10, hatten wir bereits, an Beispielen orientiert, vorläufige Betrachtungen zu einer Klasse von DGln angestellt, die sich unter die jetzige Systematik einordnen; damals waren wir natürlich ganz im reellen Bereich geblieben. Hier aber können wir jetzt wesentliche Einsichten in die damals nur angedeuteten Sachverhalte gewinnen. Von unserem jetzigen Standpunkt liegt es nahe, zu fragen, wann die in den Fundamentallösungen auftretenden Laurent-Reihen einen endlichen Hauptteil besitzen, d. h. wann nur endlich viele negative Potenzen auftreten. In diesem Fall kann man die höchste negative Potenz aus der Reihe ausklammern und mit dem Faktor $(z - \zeta)^r$ vereinigen, so daß man auf die Frage geführt wird: Wann sind die in Satz 11.1 auftretenden Laurent-Reihen Potenzreihen? Wir wollen zeigen, daß das sicher der Fall ist, wenn p Pole höchstens erster, q höchstens Pole zweiter Ordnung besitzt. (Übrigens tritt dieses Verhalten auch nur in diesen Fällen ein, aber das braucht uns hier nicht zu interessieren.)

Unsere DGl habe also jetzt die Gestalt

$$(*) \qquad w'' + \frac{P(z - \zeta)}{z - \zeta} w' + \frac{Q(z - \zeta)}{(z - \zeta)^2} w = 0,$$

wobei $P(z - \zeta)$, $Q(z - \zeta)$ in einer Umgebung von ζ konvergente Potenzreihen seien. Zu zeigen ist, daß die in Satz 11.1 auftretenden Laurent-Reihen dann stets als Potenzreihen geschrieben werden können. Dazu verwandeln wir die DGl (*) mittels der Substitution

$$w_1 = w, \quad w_2 = (z - \zeta)\, w'$$

in ein System erster Ordnung:

$$w_1' = \frac{w_2}{z - \zeta}$$

$$w_2' = w_2 \frac{1 - P}{z - \zeta} - w_1 \frac{Q}{z - \zeta}.$$

Die Koeffizienten dieses Systems haben nur Pole erster Ordnung. Daher gibt es eine Zahl M, die ohne Beschränkung der Allgemeinheit größer als 1 gewählt werden kann, so daß in einer Umgebung $|z - \zeta| \leqq r_0$ gilt, daß alle Koeffizienten kleiner sind als $\frac{M}{|z-\zeta|}$. Daraus folgt wegen des DGl-Systems

$$|w_1'| < \frac{M}{|z - \zeta|} (|w_1| + |w_2|)$$

$$|w_2'| < \frac{M}{|z - \zeta|} (|w_1| + |w_2|).$$

Wir bilden nun die reelle positive Funktion

$$W = |w_1|^2 + |w_2|^2$$

und führen Polarkoordinaten ein, also insbesondere

$$r = |z - \zeta|, \quad 0 < r \leqq r_0.$$

Unser nächstes Ziel ist der Beweis der Ungleichung

$$\left|\frac{\partial W}{\partial r}\right| \leqq \frac{4M}{r} \cdot W.$$

Zunächst gilt natürlich

$$\frac{\partial W}{\partial r} = 2 \left\{ |w_1| \cdot \frac{\partial |w_1|}{\partial r} + |w_2| \cdot \frac{\partial |w_2|}{\partial r} \right\}.$$

Nun ist

$$\frac{\partial |w_1|}{\partial r} = \frac{\partial \sqrt{u_1^2 + v_1^2}}{\partial r} = \frac{u_{1r} \cdot u_1 + v_{1r} \cdot v_1}{\sqrt{u_1^2 + v_1^2}}.$$

Nach der Schwarzschen Ungleichung ist also

$$\left|\frac{\partial |w_1|}{\partial r}\right| = \frac{|u_{1r} \cdot u_1 + v_{1r}\, v_1|}{\sqrt{u_1^2 + v_1^2}} \leqq \sqrt{u_{1r}^2 + v_{1r}^2}.$$

Hierin ist die rechte Seite aber gleich $|w_1'|$, weil es bei der Berechnung der Ableitung im Komplexen ja nicht auf die Richtung ankommt, in der man differenziert; setzt man das oben ein, so folgt

$$\left|\frac{\partial W}{\partial r}\right| \leqq 2\,\{|w_1|\,|w_1'| + |w_2| \cdot |w_2'|\} \leqq$$

$$\leqq \frac{2\,M}{r}\{|w_1| \cdot (|w_1| + |w_2|) + |w_2|\,(|w_1| + |w_2|)\} \leqq \frac{4\,M}{r} \cdot W.$$

Hier haben wir noch $2|w_1|\,|w_2| \leqq |w_1|^2 + |w_2|^2$ verwendet. Nun ist also in der Tat mit einer festen Konstanten M

$$\left|\frac{\partial W}{\partial r}\right| \leqq \frac{4\,M}{r} \cdot W$$

oder

$$-\frac{4\,M}{r} \leqq \frac{\partial \ln W}{\partial r} \leqq \frac{4\,M}{r}.$$

Diese Ungleichung integrieren wir von r bis r_0:

$$-4\,M \ln\frac{r_0}{r} \leqq \ln\frac{W(r_0)}{W(r)} \leqq 4\,M \ln\frac{r_0}{r}.$$

Da der Logarithmus eine monotone Funktion ist, folgt daraus

$$\left(\frac{r_0}{r}\right)^{-4M} \leqq \frac{W(r_0)}{W(r)} \leqq \left(\frac{r_0}{r}\right)^{4M}.$$

Die linke Ungleichung läßt sich auch schreiben

$$r^{4M}\,W(r) \leqq W(r_0) \cdot r_0^{4M}.$$

Wegen $W = |w_1|^2 + |w_2|^2$ folgt für $|w_1|$ (und ganz ebenso für $|w_2|$) mit einer von r unabhängigen Konstanten $\widetilde{M}$

$$|(z-\zeta)^{2M}\,w_1|^2 \leqq r^{4M}\,W(r) \leqq W(r_0)\,r_0^{4M} \leqq \widetilde{M}.$$

Da also die Funktion $w_1 \cdot (z-\zeta)^{2M}$ in der Umgebung von ζ beschränkt ist, können in der Laurent-Entwicklung von w_1 nur endlich viele negative Potenzen auftreten, und zwar muß für den absolut genommen größten negativen Exponenten-N gelten, daß $N \leqq 2\,M$. Die Lösung w der DGl hat also die Gestalt

$$w = (z-\zeta)^r \sum_{n=-N}^{\infty} a_n (z-\zeta)^n = (z-\zeta)^{r-N} \sum_{k=0}^{\infty} b_k (z-\zeta)^k.$$

Hier können wir $r - N$ durch ϱ ersetzen und haben damit in der Tat das gewünschte Resultat bewiesen. Ehe wir es zusammenfassend formulieren, sei noch einmal an die Betrachtungen in Band III, Kapitel 10, erinnert. Dort hatten wir bereits DGln vom Typ (*) untersucht und dabei ζ (dort x_0 genannt) als Stelle der Bestimmtheit bezeichnet. Dieser Name findet jetzt seine Erklärung: An einer solchen Stelle verhalten sich die Lösungen „bestimmt“, d. h. sie haben für $z \to \zeta$ entweder den Wert 0 oder einen anderen endlichen Wert oder sie gehen in bestimmter Weise gegen unendlich, wie sich aus der jetzt allgemein bewiesenen Darstellung ergibt. Wir fassen nun zusammen:

Satz 11.2: Gegeben sei die DGl

$$w'' + p(z)\, w' + q(z)\, w = 0,$$

in der ζ eine Stelle der Bestimmtheit sei, so daß

$$p(z) = \frac{P}{z - \zeta}, \quad q(z) = \frac{Q}{(z - \zeta)^2}$$

wobei P, Q in einer Umgebung von ζ konvergente Potenzreihen sind. Dann führt der Ansatz

$$w = (z - \zeta)^{\varrho} \sum_{n=0}^{\infty} a_n (z - \zeta)^n$$

stets auf mindestens eine linear unabhängige Lösung. Falls sich nicht zwei linear unabhängige Lösungen dieses Typs ergeben, so ist eine weitere Lösung dieser DGl nach dem zweiten Typ aus Satz 11.1 mit einem logarithmischen Glied vorhanden; sie kann entweder mittels des Ansatzes aus Satz 11.1 oder durch die Methode der Reduktion der Ordnung erhalten werden. Wegen der Möglichkeit der analytischen Fortsetzung konvergieren die auftretenden Potenzreihen in dem größten Kreis um ζ, der keine weitere Singularität der Koeffizienten enthält.

Zur vorläufigen Information über die wirkliche Durchführung wollen wir die Besselsche DGl betrachten

$$w'' + \frac{1}{2} w' + \left(1 - \frac{n^2}{z^2}\right) w = 0$$

(n reelle Zahl $\neq 0$); ausführlicher werden wir diese DGl in Band VI untersuchen. Hier ist der Nullpunkt offenbar eine Stelle der Bestimmtheit, und wir machen daher den Ansatz

$$w = z^{\varrho} \sum_{k=0}^{\infty} a_k z^k.$$

Differentiation, Einsetzen in die DGl und Koeffizientenvergleich geben nacheinander die Bestimmungsgleichungen

$$[\varrho(\varrho - 1) + \varrho - n^2]\, a_0 = 0,$$
$$[(\varrho + 1)\,\varrho + (\varrho + 1) - n^2]\, a_1 = 0,$$
$$[(\varrho + 2)\,(\varrho + 1) + (\varrho + 2) - n^2]\, a_2 + a_0 = 0,$$
$$\ldots$$
$$[(\varrho + k)\,(\varrho + k - 1) + (\varrho + k) - n^2]\, a_k + a_{k+2} = 0.$$
$$\ldots$$

Die erste dieser Gleichungen heißt Indexgleichung; sie bestimmt bei Lösungen, die im Nullpunkt nicht verschwinden ($a_0 \neq 0$), den Exponenten ϱ; und da es sich dabei um eine quadratische Gleichung handelt, gibt es für diesen Exponenten ϱ in der Tat, wie zu erwarten war, höchstens zwei mögliche Werte $\varrho = \pm n$. Die Frage ist nun, wann die weiteren Bestimmungsgleichungen wirklich ein Fundamentalsystem für die Lösungen der Besselschen DGl liefern. Zunächst überzeugt man sich, daß für $\varrho = +n (> 0)$ stets eine für alle z konvergente Lösung erhalten wird; wobei wir $a_0 = 1$ setzen:

$$a_2 = -\frac{1}{4(n+1)}$$

$$a_{2l} = (-1)^l \frac{1}{4(n+1)\cdot 4\cdot 2\cdot (n+2)\cdots 4\cdot l\,(n+l)} =$$
$$= \frac{(-1)^l}{2^{2l}\cdot l!\,(n+1)\,(n+2)\cdots (n+l)}.$$

Wir setzen dabei zunächst voraus, daß $(\varrho + k)^2 \neq n^2$ ist für alle $k = 1, 2, 3, \ldots$ Das Quotientenkriterium ergibt dann sofort die Konvergenz der Reihe für alle z. Falls n keine ganze Zahl ist, ergibt sich bei Ersetzung von n durch $-n$ eine linear unabhängige Lösung, weil dann kein Nenner verschwindet. Falls n aber gleich einer ganzen Zahl ist, ergibt sich mit dieser Methode keine weitere linear unabhängige Lösung. Diese muß dann nach den allgemeinen Überlegungen ein logarithmisches Glied enthalten; es sei auf Beispiel 2 am Ende verwiesen.

Ohne Beschränkung der Allgemeinheit können wir voraussetzen, daß der Nullpunkt Stelle der Bestimmtheit ist. Wir setzen

$$D[w] = z^2\, w'' + z\, P(z)\, w' + Q(z)\, w,$$

betrachten die DGl $D[w] = 0$, und wir setzen voraus, daß

$$P(z) = \sum_{k=0}^{\infty} \alpha_k\, z^k$$

$$Q(z) = \sum_{k=0}^{\infty} \beta_k\, z^k$$

in der Umgebung des Nullpunktes konvergente Potenzreihen sind. Es ist dann speziell

$$D[z^\lambda] = z^\lambda[\lambda(\lambda - 1) + \lambda\, P(z) + Q(z)].$$

Machen wir nun den aus der allgemeinen Theorie folgenden Ansatz

$$w = z^\varrho(c_0 + c_1\, z + c_2\, z^2 + \cdots),$$

so ergibt sich aus $D[w] = 0$

$$\begin{aligned} 0 = c_0\, z^\varrho\, [\varrho(\varrho - 1) &+ \varrho(\alpha_0 + \alpha_1\, z + \alpha_2\, z^2 + \cdots) + \\ &+ (\beta_0 + \beta_1\, z + \beta_2\, z^2 + \cdots)] + \\ &+ c_1\, z^{\varrho+1}\, [(\varrho + 1)\, \varrho + (\varrho + 1)\, (\alpha_0 + \alpha_1\, z + \alpha_2\, z^2 + \\ &+ \ldots) + (\beta_0 + \beta_1\, z + \beta_2\, z^2 + \ldots)] + \ldots \end{aligned}$$

Hier kann man nun Koeffizientenvergleich vornehmen und erhält aus dem Koeffizienten von z^ϱ zunächst die sogenannte Indexgleichung oder Fundamentalgleichung

$$c_0\, \{\varrho(\varrho - 1) + \varrho\, \alpha_0 + \beta_0\} = 0,$$

also eine quadratische Gleichung für ϱ; c_0 kann, wenn ϱ gemäß dieser Gleichung festgelegt ist, willkürlich bleiben. Der Koeffizient von $z^{\varrho+1}$ liefert

$$c_0(\alpha_1\, \varrho + \beta_1) + c_1[(\varrho + 1)\, \varrho + (\varrho + 1)\, \alpha_0 + \beta_0] = 0.$$

Falls

$$(\varrho + 1)\, \varrho + (\varrho + 1)\, \alpha_0 + \beta_0 \neq 0,$$

falls also $\varrho + 1$ nicht auch Wurzel der Indexgleichung ist, läßt sich daraus c_1 bestimmen. Allgemein erhält man aus der Bedingung, daß der Koeffizient von $z^{\varrho+k}$ verschwindet,

$$c_k[(\varrho + k)\, (\varrho + k - 1) + (\varrho + k)\, \alpha_0 + \beta_0] + (\ldots) = 0,$$

wobei $(\ldots)$ nur bereits bekannte Zahlen enthält.

Daraus läßt sich c_k bestimmen, falls der Faktor bei c_k nicht Null ist, falls also $\varrho + k$ nicht Wurzel der Indexgleichung ist. Dieser Ausnahmefall kann aber nur dann eintreten, wenn die Differenz der beiden Wurzeln ϱ_1, ϱ_2 der Indexgleichung

$$\varrho(\varrho - 1) + \varrho\, \alpha_0 + \beta_0 = 0$$

ganzzahlig ist, bei geeigneter Numerierung $\varrho_1 - \varrho_2 = n \geqq 0$. In diesem Falle führt ϱ_1 immer noch auf eine Potenzreihe, ϱ_2 aber nicht. Man muß also in diesem Fall die Wurzel mit dem größeren Realteil verwenden. Hier wird man eine weitere linear unabhängige Lösung nach Satz 11.2 mit Hilfe eines logarithmischen Ansatzes gewinnen, oder aber auch mit

Hilfe der Methode der Reduktion der Ordnung. Falls diese Ausnahme nicht eintritt, hat man aus dem Ansatz $z^\varrho \cdot$ (Potenzreihe) zwei Lösungen, welche linear unabhängig sind, da ihr Quotient offenbar nicht konstant ist. Die auftretenden Potenzreihen müssen nach der allgemeinen Theorie in dem größten Kreis um 0 konvergieren, der keine weitere Singularität der Koeffizienten enthält. Denn wir wissen, daß es zwei unabhängige Lösungen dieser Art geben muß; und da der Ansatz auf genau zwei Reihen führt, müssen es die gesuchten sein.

Aufgaben und Beispiele

1. Man suche diejenige homogene lineare DGl, deren allgemeines Integral ist $w = C_1 z + C_2 z^2$ und diskutiere den Charakter der Singularität im Nullpunkt!

Anleitung: Der Ansatz $w'' + p\, w' + q\, w = 0$ führt auf die DGl

$$w'' - 2\frac{w'}{z} + \frac{w}{z^2} = 0.$$

Der Nullpunkt ist also eine Singularität der DGl, es handelt sich um eine Stelle der Bestimmtheit. Trotzdem verhalten sich alle Lösungen bei $z = 0$ regulär, die allgemeine Theorie schließt das ja auch nicht aus. Immerhin zeigt sich der singuläre Charakter noch darin, daß sich die Lösungen im Nullpunkt nicht beliebigen Anfangsbedingungen anpassen lassen; alle Lösungen werden für $z = 0$ ja gleich 0.

2. Die Differenz der Wurzeln der Indexgleichung zur DGl

$$w'' + p\, w' + q\, w = 0$$

(0 Stelle der Bestimmtheit, also p mit Pol höchstens erster, q mit Pol höchstens zweiter Ordnung in 0) sei gleich einer ganzen Zahl, $\varrho_1 - \varrho_2 = n \geqq 0$. Nach den allgemeinen Überlegungen gibt es dann eine Lösung $w_1 = z^{\varrho_1} P(z)$, wobei $P(z)$ eine in der Umgebung von 0 konvergente Potenzreihe ist. Man finde mittels der Methode der Reduktion der Ordnung eine linear unabhängige Lösung.

Anleitung: Wir setzen also an $w = w_1 v$ und beachten, daß

$$p = \frac{P_1(z)}{z} = \frac{\alpha_0 + \alpha_1 z + \alpha_2 z^2 + \cdots}{z}$$

$$q = \frac{P_2(z)}{z^2} = \frac{\beta_0 + \beta_1 z + \beta_2 z^2 + \cdots}{z^2}.$$

Gehen wir mit unserem Ansatz zur Reduktion der Ordnung in die DGl ein, so ergibt sich

$$0 = w'' + p\,w' + q\,w = (w_1'' + p\,w_1' + q\,w_1)\,v + \\ + 2\,w_1'\,v' + w_1\,v'' + p\,w_1\,v'.$$

Wir erhalten also die lineare DGl erster Ordnung für v'

$$0 = v'' + v'\left(2\,\frac{w_1'}{w_1} + p\right) = v'' + v'\left(\frac{2\,\varrho_1 + \alpha_0}{z} + P_3(z)\right),$$

in der P_3 wieder eine Potenzreihe bezeichnet. Da wegen der Indexgleichung $\varrho(\varrho - 1) + \varrho\alpha_0 + \beta_0 = 0$ mit Hilfe des Vietaschen Wurzelsatzes folgt

$$\varrho_1 + \varrho_2 = -(\alpha_0 - 1),$$

kann man schreiben

$$0 = v'' + v'\left(\frac{1 + \varrho_1 - \varrho_2}{z} + P_3(z)\right).$$

Hierin ist nun nach Voraussetzung $\varrho_1 - \varrho_2 = n$ eine nichtnegative ganze Zahl, so daß $1 + \varrho_1 - \varrho_2 = m$ eine natürliche Zahl ist. So ergibt die DGl für v'

$$\frac{v''}{v'} = -\frac{m}{z} - P_3(z).$$

Im weiteren bezeichnen wir mit $P_k(z)$ in der Umgebung des Nullpunktes konvergente Potenzreihen. Zunächst ergibt die Integration

$$\log v' = -m \log z + P_4(z)$$

oder

$$v' = z^{-m} \cdot P_5(z)$$

oder schließlich

$$v = \int z^{-m}\,P_5(z)\,dz = A \log z + z^{-m+1}\,P_6(z).$$

Hierin rührt das logarithmische Glied vom Summanden mit z^{-1} im Integranden her. Schließlich erhalten wir das aus der allgemeinen Theorie zu erwartende Ergebnis

$$w_2 = v\,w_1 = w_1(A \log z + z^{-m+1}\,P_6(z)) = \\ = z^{\varrho_1} \cdot A \log z\,P(z) + z^{\varrho_2}\,P_7(z).$$

LITERATURVERZEICHNIS

In den meisten Darstellungen der Ingenieurmathematik werden die komplexen Variablen berücksichtigt. Wir weisen besonders hin auf:

R. Sauer: Ingenieur-Mathematik, Band II, 2. Aufl. Berlin 1963

A. Duschek: Vorlesungen über höhere Mathematik, Band III. Wien 1953

Das Buch von Sauer berücksichtigt besonders ausführlich die Anwendungen insbesondere in der Strömungslehre.

Weitere Darstellungen der Funktionen komplexer Variabler sind:

J. Heinhold: Theorie und Anwendung der Funktionen einer komplexen Veränderlichen. München 1948

K. Knopp: Funktionentheorie I, II. Sammlung Göschen, 11. Aufl. Berlin 1964

P. Frank und R. v. Mises: Die Differential- und Integralgleichungen der Mechanik und Physik. 2. Aufl. Braunschweig 1930.

F. B. Hildebrand: Advanced Calculus for Applications. Englewood Cliffs 1962.

Wir haben uns dabei auf Werke beschränkt, die in Zielsetzung und Umfang den Bedürfnissen der Studierenden vor dem Vorexamen Rechnung tragen, wobei natürlich keine Vollständigkeit angestrebt werden konnte.

Es seien nun noch einige Werke erwähnt, die in mathematischer Hinsicht weiterführen:

A. Hurwitz, R. Courant, H. Röhrl: Funktionentheorie. 4. Aufl. Berlin–Göttingen–Heidelberg–New York 1964

H. Behnke und F. Sommer: Theorie der analytischen Funktionen einer komplexen Veränderlichen. Berlin, Göttingen, Heidelberg 1955

L. Bieberbach: Lehrbuch der Funktionentheorie I. 3. Aufl. Leipzig und Berlin 1930

E. T. Whittaker and G. N. Watson: Modern Analysis. 4th ed., Cambridge 1952

Sammlungen von Aufgaben und Beispielen mit Anleitungen finden sich in:

R. Albrecht und K. Zuser: Übungsaufgaben zur Funktionentheorie. München 1962

M. R. Spiegel: Complex Variables. New York 1964

L. I. Volkovyskii, G. L. Lunts, I. G. Aramanovich: A Collection of Problems on Complex Analysis. Oxford etc. 1965[1])

Für Sammlungen von konformen Abbildungen, Tafeln von Integraltransformationen, Verzeichnissen elliptischer und anderer spezieller Funktionen verweisen wir auf das Literaturverzeichnis zu Band VI. Weitere Aufgaben zur komplexen Analysis werden in Band VII der vorliegenden Reihe (mit Anleitungen und Lösungen) veröffentlicht.

[1] In diesem ausgezeichneten Werk sind über 1500 Aufgaben mit Anleitungen und Lösungen zu finden. Beim Benutzen sollte man berücksichtigen, daß es sich bei vielen Aufgaben um Probleme für Spezialisten handelt. Der Studierende, der sich auf die Vorprüfung vorbereiten will, sollte sich durch die Fülle des Materials und die Schwierigkeit der Aufgaben nicht verwirren lassen. Es sei also ausdrücklich empfohlen, daß das Werk nur von mathematisch besonders interessierten Studierenden benutzt werden sollte, und daß auch diese sich auf Aufgaben beschränken, die in engem Zusammenhang mit dem in den Vorlesungen oder den benutzten Lehrbüchern behandelten Stoff stehen. Auch beim Lösen mathematischer Aufgaben geht Qualität vor Quantität.

REGISTER

Die wissenschaftlichen Veröffentlichungen aus dem Bibliographischen Institut

B. I.-Hochschultaschenbücher, Einzelwerke und Reihen

Mathematik, Physik, Astronomie, Philosophie, Chemie, Medizin, Ingenieurwissenschaften, Sprache, Literatur, Geowissenschaften, Völkerkunde

Inhaltsverzeichnis

Stand: Februar 1976

Mathematik

Aitken, A. C.: Determinanten und Matrizen. 142 S. mit Abb. 1969. (Bd. 293)

Alefeld, G./J. Herzberger/ O. Mayer: Einführung in das Programmieren mit ALGOL 60. 164 S. 1972. (Bd. 777)

Aumann, G.: Höhere Mathematik.
Band I: Reelle Zahlen, Analytische Geometrie, Differential- und Integralrechnung. 243 S. mit Abb. 1970. (Bd. 717)
Band II: Lineare Algebra, Funktionen mehrerer Veränderlicher. 170 S. mit Abb. 1970. (Bd. 718)
Band III: Differentialgleichungen. 174 S. 1971. (Bd. 761)

Bachmann, F./E. Schmidt: *n*-Ecke. 199 S. 1970. (Bd. 471)

Behrens, E.-A.: Ringtheorie. 405 S. 1975. (Wv)

Böhmer, K./G. Meinardus/ W. Schempp (Hrsg.): Spline-Funktionen. Vorträge und Aufsätze. 415 S. 1974. (Wv)

Brandt, S.: Datenanalyse. Mit statistischen Methoden und Computerprogrammen. 342 S. mit Abb. 1975. (Wv)

Breuer, H.: Algol-Fibel. 120 S. mit Abb. 1973. (Bd. 506)

Breuer, H.: Fortran-Fibel. 85 S. mit Abb. 1969. (Bd. 204)

Breuer, H.: PL/I-Fibel. 106 S. 1973. (Bd. 552)

Breuer, H.: Taschenwörterbuch der Programmiersprachen ALGOL, FORTRAN, PL/I. Etwa 160 S. 1976. (Bd. 181)

Brosowski, B.: Nicht-lineare Tschebyscheff-Approximation. 153 S. 1968. (Bd. 808)

Brosowski, B./R. Kreß: Einführung in die Numerische Mathematik.
Teil I: Auflösung von Gleichungssystemen, die Approximationstheorie. 223 S. 1975. (Bd. 202)
Teil II: Interpolation, numerische Integration, Optimierungsaufgaben. Etwa 200 S. 1976. (Bd. 211)

Brunner, G.: Homologische Algebra. 213 S. 1973. (Wv)

Bundke, W.: 12stellige Tafel der Legendre-Polynome. 352 S. 1967. (Bd. 320)

Cartan, H.: Differentialformen. 250 S. 1974. (Wv)

Cartan, H.: Differentialrechnung. 236 S. 1974. (Wv)

Cartan, H.: Elementare Theorie der analytischen Funktionen einer oder mehrerer komplexen Veränderlichen. 236 S. mit Abb. 1966. (Bd. 112)

Degen, W./K. Böhmer: Gelöste Aufgaben zur Differential- und Integralrechnung.
Band I: Eine reelle Veränderliche. 254 S. 1971. (Bd. 762)
Band II: Mehrere reelle Veränderliche. 111 S. 1971. (Bd. 763)

Dinghas, A.: Einführung in die Cauchy-Weierstraß'sche Funktionentheorie. 114 S. 1968. (Bd. 48)

Dombrowski, P.: Differentialrechnung I und Abriß der linearen Algebra. 271 S. mit Abb. 1970. (Bd. 743)

Elsgolc, L. E.: Variationsrechnung. 157 S. mit Abb. 1970. (Bd. 431)

Eltermann, H.: Grundlagen der praktischen Matrizenrechnung. 128 S. mit Abb. 1969. (Bd. 434)

Erwe, F.: Differential- und Integralrechnung.
Band I: Differentialrechnung. 364 S. mit Abb. 1962. (Bd. 30)
Band II: Integralrechnung. 197 S. mit Abb. 1973. (Bd. 31)

Erwe, F.: Gewöhnliche Differentialgleichungen. 152 S. mit 11 Abb. 1964. (Bd. 19)

Erwe F./E. Peschl: Partielle Differentialgleichungen erster Ordnung. 133 S. 1973. (Bd. 87)

Gericke, H.: Geschichte des Zahlbegriffs. 163 S. mit Abb. 1970. (Bd. 172)

Gericke, H.: Theorie der Verbände. 174 S. mit Abb. 1963. (Bd. 38)

Gottschalk, G./R. Kaiser: Einführung in die Varianzanalyse und Ringversuche. Etwa 150 S. 1976. (Bd. 775)

Gröbner, W.: Algebraische Geometrie.
Band I: Allgemeine Theorie der kommutativen Ringe und Körper. 193 S. 1968. (Bd. 273)

Gröbner, W.: Matrizenrechnung. 276 S. mit Abb. 1966. (Bd. 103)

Gröbner, W./H. Knapp: Contributions to the Method of Lie Series. In englischer Sprache. 265 S. 1967. (Bd. 802)

Gröbner, W./P. Lesky: Mathematische Methoden der Physik.
Band I: 164 S. 1964. (Bd. 89)

Grotemeyer, K. P./E. Letzner/R. Reinhardt: Topologie. 187 S. mit Abb. 1969. (Bd. 836)

Grotemeyer, K. P./L. Tschampel: Lineare Algebra. 237 S. 1970. (Bd. 732)

Gundlach, K.-B.: Einführung in die Zahlentheorie. 311 S. 1972. (Bd. 772)

Gunning, R. C.: Vorlesungen über Riemannsche Flächen. 276 S. 1972. (Bd. 837)

Hämmerlin, G.: Numerische Mathematik.
Band I: 194 S. 1970. (Bd. 498)

Hardtwig, E.: Fehler- und Ausgleichsrechnung. 262 S. mit Abb. 1968. (Bd. 262)

Heesch, H.: Untersuchungen zum Vierfarbenproblem. 290 S. mit Abb. 1969. (Bd. 810)

Heil, E.: Differentialformen. 207 S. 1974. (Wv)

Hellwig, G.: Höhere Mathematik.
Band I/1. Teil: Zahlen, Funktionen, Differential- und Integralrechnung einer unabhängigen Variablen. 284, IX S. 1971. (Bd. 553)
Band I/2. Teil: Theorie der Konvergenz, Ergänzungen zur Integralrechnung, das Stieltjes-Integral. 137 S. 1972. (Bd. 560)

Hengst, M.: Einführung in die mathematische Statistik und ihre Anwendung. 259 S. mit Abb. 1967. (Bd. 42)

Henze, E.: Einführung in die Maßtheorie. 235 S. 1971. (Bd. 505)

Hirzebruch, F./W. Scharlau: Einführung in die Funktionalanalysis. 178 S. 1971. (Bd. 296)

Holmann, H.: Lineare und multilineare Algebra.
Band I: 212 S. 1970. (Bd. 173)

Holmann, H./H. Rummler: Alternierende Differentialformen. 257 S. 1972. (Wv)

Hoschek, J.: Liniengeometrie. VI, 263 S. mit Abb. 1971. (Bd. 733)

Hoschek, J.: Mathematische Grundlagen der Kartographie. 167 S. mit Abb. 1969. (Bd. 443)

Hoschek, J./G. Spreitzer: Aufgaben zur Darstellenden Geometrie. 229 S. mit Abb. 1974. (Wv)

Hotz, G./H. Walter: Automatentheorie und formale Sprachen I: Turingmaschinen und rekursive Funktionen. 184 S. 1968. (Bd. 821)

Hotz, G./V. Claus: Automatentheorie und formale Sprachen III: Formale Sprachen. 241 S. 1972. (Bd. 823)

Ince, E. L.: Die Integration gewöhnlicher Differentialgleichungen. 180 S. 1965. (Bd. 67)

Jordan-Engeln, G./F. Reutter: Formelsammlung zur numerischen Mathematik mit Fortran IV-Programmen. XIII, 303 S. mit Abb. 1974. (Bd. 106)

Jordan-Engeln, G./F. Reutter: Numerische Mathematik für Ingenieure. XIII, 352 S. mit Abb. 1973. (Bd. 104)

Kaiser, R./G. Gottschalk: Elementare Tests zur Beurteilung von Meßdaten. 68 S. 1972. (Bd. 774)

Kastner, G.: Einführung in die Mathematik für Naturwissenschaftler. 212 S. 1971. (Bd. 752)

Kießwetter, K.: Reelle Analysis einer Veränderlichen. Ein Lern- und Übungsbuch. 316 S. 1975. (Bd. 269)

Klingenberg, W./P. Klein: Lineare Algebra und analytische Geometrie.
Band I: Grundbegriffe, Vektorräume. XII, 288 S. 1971. (Bd. 748)
Band II: Determinanten, Matrizen, Euklidische und unitäre Vektorräume. XVIII, 404 S. 1972. (Bd. 749)

Klingenberg, W./P. Klein: Lineare Algebra und analytische Geometrie. Übungen zu Band I u. II. VIII, 172 S. 1973. (Bd. 750)

Laugwitz, D.: Ingenieurmathematik.
Band I: Zahlen, analytische Geometrie Funktionen. 158 S. mit Abb. 1964. (Bd. 59)
Band II: Differential- und Integralrechnung. 152 S. mit Abb. 1964. (Bd. 60)
Band III: Gewöhnliche Differentialgleichungen. 141 S. 1964. (Bd. 61)
Band IV: Fourier-Reihen, verallgemeinerte Funktionen, mehrfache Integrale, Vektoranalysis, Differentialgeometrie, Matrizen, Elemente der Funktionalanalysis. 196 S. mit Abb. 1967. (Bd. 62)
Band V: Komplexe Veränderliche. 158 S. mit Abb. 1965. (Bd. 93)

Laugwitz, D./C. Schmieden: Aufgaben zur Ingenieurmathematik. 182 S. 1966. (Bd. 95)

Laugwitz, D./H.-J. Vollrath: Schulmathematik vom höheren Standpunkt.
Band I: 195 S. mit Abb. 1969. (Bd. 118)

Lebedew, N. N.: Spezielle Funktionen und ihre Anwendung. 372 S. mit Abb. 1973. (Wv)

Lighthill, M. J.: Einführung in die Theorie der Fourieranalysis und der verallgemeinerten Funktionen. 96 S. mit Abb. 1966. (Bd. 139)

Lingenberg, R.: Grundlagen der Geometrie. Etwa 220 S. mit Abb. 2. Auflage 1976. (Wv)

Lingenberg, R.: Lineare Algebra. 161 S. mit Abb. 1969. (Bd. 828)

Lorenzen, P.: Metamathematik. 173 S. 1962. (Bd. 25)

Lutz, D.: Topologische Gruppen. 175 S. 1976. (Wv)

Marsal, D.: Die numerische Lösung partieller Differentialgleichungen in Wissenschaft und Technik. Etwa 580 S. mit Abb. 1976. (Wv)

Martensen, E.: Analysis.
Band I: Infinitesimalrechnung für Funktionen einer reellen Veränderlichen. 200 S. mit Abb. 1969. (Bd. 832)
Band II: Infinitesimalrechnung für Funktionen mehrerer reeller und einer komplexen Veränderlichen. 201 S. 1969. (Bd. 833)
Band III: Gewöhnliche Differentialgleichungen. V, 209 S. 1971. (Bd. 834)
Band V: Funktionalanalysis und Integralgleichungen. VI, 275 S. 1972. (Bd. 768)

Mell, W.-D./P. Preus/P. Sandner: Einführung in die Programmiersprache PL/I. 304 S. 1974. (Bd. 785)

Meschkowski, H.: Einführung in die moderne Mathematik. 214 S. mit Abb. 1971. (Bd. 75)

Meschkowski, H.: Grundlagen der Euklidischen Geometrie. 231 S. mit Abb. 1974. (Wv)

Meschkowski, H.: Mathematiker-Lexikon. 328 S. mit Abb. 1973. (Wv)

Meschkowski, H.: Mathematisches Begriffswörterbuch. Etwa 330 S. mit Abb. 4. Aufl. 1976. (Bd. 99)

Meschkowski, H.: Mehrsprachenwörterbuch mathematischer Begriffe. 135 S. 1972. (Wv)

Meschkowski, H.: Reihenentwicklungen in der mathematischen Physik. 151 S. mit Abb. 1963. (Bd. 51)

Meschkowski, H.: Unendliche Reihen. 160 S. mit Abb. 1962. (Bd. 35)

Meschkowski, H.: Ungelöste und unlösbare Probleme der Geometrie. 204 S. 1975. (Wv)

Meschkowski, H.: Wahrscheinlichkeitsrechnung. 233 S. mit Abb. 1968. (Bd. 285)

Meschkowski, H./I. Ahrens: Theorie der Punktmengen. 183 S. mit Abb. 1974. (Wv)

Meschkowski, H./G. Lessner: Aufgabensammlung zur Einführung in die moderne Mathematik. 136 S. mit Abb. 1969. (Bd. 263)

Mickel, K.-P.: Einführung in die Programmiersprache COBOL. 208 S. 1975. (Bd. 745)

Müller, D.: Programmierung elektronischer Rechenanlagen. 249 S. mit Abb. 1969. (Bd. 49)

Müller, K. H./I. Streker: Fortran. Programmierungsanleitung. 140 S. 1970. (Bd. 804)

Neukirch, J.: Klassenkörpertheorie. 308 S. 1970. (Bd. 713)

Niven, I./H. S. Zuckerman: Einführung in die Zahlentheorie.
Band I: Teilbarkeit, Kongruenzen, quadratische Reziprozität u. a. 216 S. 1976. (Bd. 46)
Band II: Kettenbrüche, algebraische Zahlen, die Partitionsfunktion u. a. Etwa 182 S. 1976. (Bd. 47)

Noble, B.: Numerisches Rechnen.
Band I: Iteration, Programmierung und algebraische Gleichungen. 154 S. mit Abb. 1966. (Bd. 88)
Band II: Differenzen, Integration und Differentialgleichungen. 246 S. 1973. (Bd. 147)

Oberschelp, A.: Elementare Logik und Mengenlehre.
Band I: 254 S. 1974. (Bd. 407)

Patterson, E. M./D. E. Rutherford: Einführung in die abstrakte Algebra. 175 S. 1966. (Bd. 146)

Peschl, E.: Analytische Geometrie und lineare Algebra. 200 S. mit Abb. 1968. (Bd. 15)

Peschl, E.: Differentialgeometrie. 92 S. 1973. (Bd. 80)

Peschl, E.: Funktionentheorie.
Band I: 274 S. mit Abb. 1967. (Bd. 131)

Pflaumann, E./H. Unger: Funktionalanalysis.
Band I: Einführung in die Grundbegriffe in Räumen einfacher Struktur. 240 S. 1974. (Wv)
Band II: Abbildungen (Operatoren). 338 S. 1974. (Wv)

Preuß, G.: Grundbegriffe der Kategorientheorie. 105 S. 1975. (Bd. 739)

Reiffen, H.-J./G. Scheja/U. Vetter: Algebra. 272 S. mit Abb. 1969. (Bd. 110)

Reiffen, H.-J./H. W. Trapp: Einführung in die Analysis.
Band I: Mengentheoretische Topologie. IX, 320 S. 1972. (Bd. 776)
Band II: Theorie der analytischen und differenzierbaren Funktionen. 260 S. 1973. (Bd. 786)
Band III: Maß- und Integrationstheorie. 369 S. 1973. (Bd. 787)

Rohlfing, H.: SIMULA. 243 S. mit Abb. 1973. (Bd. 747)

Rottmann, K.: Mathematische Formelsammlung. 176 S. mit Abb. 1962. (Bd. 13)

Rottmann, K.: Mathematische Funktionstafeln. 208 S. 1959. (Bd. 14)

Rottmann, K.: Siebenstellige dekadische Logarithmen. 194 S. 1960 (Bd. 17)

Rottmann, K.: Siebenstellige Logarithmen der trigonometrischen Funktionen. 440 S. 1961. (Bd. 26)

Schick, K.: Lineare Optimierung. Etwa 331 S. mit Abb. 1976. (Bd. 64)

Schließmann, H.: Programmierung mit PL/I. 150 S. 1975. (Bd. 740)

Schmidt, J.: Mengenlehre. Einführung in die axiomatische Mengenlehre.
Band I: 245 S. mit Abb. 1973. (Bd. 56)

Schwabhäuser, W.: Modelltheorie.
Band I: 176 S. 1971. (Bd. 813)
Band II: 123 S. 1972. (Bd. 815)

Schwartz, L.: Mathematische Methoden der Physik.
Band I: Summierbare Reihen, Lebesque-Integral, Distributionen, Faltung. 184 S. 1974. (Wv)

Schwarz, W.: Einführung in die Siebmethoden der analytischen Zahlentheorie. 215 S. 1974. (Wv)

Schwarz, W.: Einführung in Methoden und Ergebnisse der Primzahltheorie. 227 S. 1969. (Bd. 278)

Siegel, C. L.: Transzendente Zahlen. 87 S. 1967. (Bd. 137)

Sneddon, I. N.: Spezielle Funktionen der mathematischen Physik und Chemie. 166 S. mit 14 Abb. 1963. (Bd. 54)

Tamaschke, O.: Permutationsstrukturen. 276 S. 1969. (Bd. 710)

Tamaschke, O.: Projektive Geometrie
Band II: XI, 397 S. mit Abb. 1972. (Bd. 838)

Tamaschke, O.: Schur-Ringe. 240 S. mit Abb. 1970. (Bd. 735)

Teichmann, H.: Physikalische Anwendungen der Vektor- und Tensorrechnung. 231 S. mit 64 Abb. 1968. (Bd. 39)

Tropper, A. M.: Matrizenrechnung in der Elektrotechnik. 99 S. mit Abb. 1964. (Bd. 91)

Uhde, K.: Spezielle Funktionen der mathematischen Physik.
Band I: Zylinderfunktionen. 267 S. 1964. (Bd. 55)
Band II: Elliptische Integrale, Thetafunktionen, Legendre-Polynome, Laguerresche Funktionen u. a. 211 S. 1964. (Bd. 76)

Voigt, A./J. Wloka: Hilberträume und elliptische Differentialoperatoren. 260 S. 1975. (Wv)

Volkovyskii, L. I./G. L. Lunts/ I. G. Aramanovich: Aufgaben und Lösungen zur Funktionentheorie.
Band I: Komplexe Zahlen, Konforme Abbildungen, Integrale, Potenzreihen, Laurentreihen. 174 S. mit Abb. 1973. (Bd. 195)

Waerden, B. L. van der: Mathematik für Naturwissenschaftler. 280 S. mit 167 Abb. 1975. (Bd. 281)

Wagner, K.: Graphentheorie. 220 S. mit Abb. 1970. (Bd. 248)

Walter, W.: Einführung in die Potentialtheorie. 174 S. 1971. (Bd. 765)

Walter, W.: Einführung in die Theorie der Distributionen. 211 S. mit Abb. 1974. (Wv)

Weizel, R/J. Weyland: Gewöhnliche Differentialgleichungen. Formelsammlung mit Lösungsmethoden und Lösungen. 194 S. mit Abb. 1974. (Wv)

Wollny, W.: Reguläre Parkettierung der euklidischen Ebene durch unbeschränkte Bereiche. 316 S. mit Abb. 1970. (Bd. 711)

Wunderlich, W.: Darstellende Geometrie.
Band I: 187 S. mit Abb. 1966. (Bd. 96)
Band II: 234 S. mit Abb. 1967. (Bd. 133)

Mathematische Forschungsberichte Oberwolfach

Barner, M./W. Schwarz (Hrsg.): Zahlentheorie. 235 S. 1971. (M.F.O. 5)

Hasse, H./P. Roquette (Hrsg.): Algebraische Zahlentheorie. 272 S. 1966. (M.F.O. 2)

Klingenberg, W. (Hrsg.): Differentialgeometrie im Großen. 351 S. 1971. (M.F.O. 4)

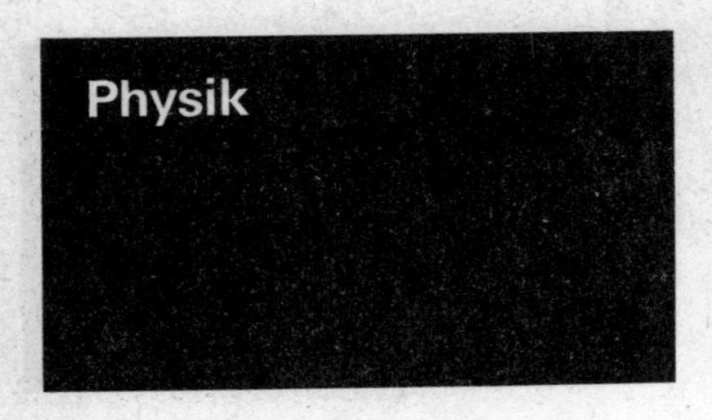

Baltes, H. P./E. R. Hilf: Spectra of Finite Systems. Etwa 104 S. In engl. Sprache. 1976. (Wv)

Barut, A. O.: Die Theorie der Streumatrix für die Wechselwirkungen fundamentaler Teilchen.
Band I: 225 S. mit Abb. 1971. (Bd. 438)
Band II: 212 S. mit Abb. 1971. (Bd. 555)

Bensch, F./C. M. Fleck: Neutronenphysikalisches Praktikum.
Band I: Physik und Technik der Aktivierungssonden. 234 S. mit Abb. 1968. (Bd. 170)
Band II: Ausgewählte Versuche und ihre Grundlagen. 182 S. mit Abb. 1968. (Bd. 171)

Bjorken, J. D./S. D. Drell: Relativistische Quantenmechanik. 312 S. mit Abb. 1966. (Bd. 98)

Bleuler, K./H. R. Petry/D. Schütte (Hrsg.): Mesonic Effects in Nuclear Structure. 181 S. mit Abb. 1975. (Wv)

Bodenstedt, E.: Experimente der Kernphysik und ihre Deutung.
Band I: 290 S. mit Abb. 1972. (Wv)
Band II: XIV, 293 S. mit Abb. 1973. (Wv)
Band III: 288 S. mit Abb. 1973. (Wv)

Borucki, H.: Einführung in die Akustik. 236 S. mit Abb. 1973. (Wv)

Chintschin, A. J.: Mathematische Grundlagen der statistischen Mechanik. 175 S. 1964. (Bd. 58)

Donner, W.: Einführung in die Theorie der Kernspektren.
Band I: Grundeigenschaften der Atomkerne, Schalenmodell, Oberflächenschwingungen und Rotationen. 197 S. mit Abb. 1971. (Bd. 473)
Band II: Erweiterung des Schalenmodells, Riesenresonanzen. 107 S. mit Abb. 1971. (Bd. 556)

Dreisvogt, H.: Spaltprodukt-Tabellen. 188 S. mit Abb. 1974. (Wv)

Eder, G.: Elektrodynamik. 273 S. mit Abb. 1967. (Bd. 233)

Eisenbud, L./E. P. Wigner: Einführun in die Kernphysik. 145 S. mit 15 Abb. 1961. (Bd. 16)

Emendörfer, D./K. H. Höcker: Theorie der Kernreaktoren.
Band I: Kernbau und Kernspaltung, Wirkungsquerschnitte, Neutronenbremsung und -thermalisierung. 232 S. mit Abb. 1969. (Bd. 411)
Band II: Neutronendiffusion (Elementare Behandlung und Transporttheorie). 147 S. mit Abb. 1970. (Bd. 412)

Feynman, R. P.: Quantenelektrodynamik. 249 S. mit Abb. 1969. (Bd. 401)

Fick, D.: Einführung in die Kernphysi mit polarisierten Teilchen. VI, 255 S. mit Abb. 1971. (Bd. 755)

Gasiorowicz, S.: Elementarteilchenphysik. 742 S. mit 119 Abb. 1975. (Wv)

Groot, S. R. de: Thermodynamik irreversibler Prozesse. 216 S. mit 4 Abb. 1960. (Bd. 18)

Groot, S. R. de/P. Mazur: Anwendun der Thermodynamik irreversibler Prozesse. 349 S. mit Abb. 1974. (Wv)

Heisenberg, W.: Physikalische Prinzipien der Quantentheorie. 117 S mit Abb. 1958. (Bd. 1)

Henley, E. M./W. Thirring: Elementar Quantenfeldtheorie. 336 S. 1975. (Wv

Hesse, K.: Halbleiter. Eine elementare Einführung.
Band I: 249 S. mit 116 Abb. 1974. (Bd. 788)

Huang, K.: Statistische Mechanik.
Band III: 162 S. 1965. (Bd. 70)

Hund, F.: Geschichte der physikalischen Begriffe. 410 S. 1972. (Bd. 543)

Hund, F.: Geschichte der Quantentheorie. 262 S. mit Abb. 1975. (Wv)

Hund, F.: Grundbegriffe der Physik. 234 S. mit Abb. 1969. (Bd. 449)

Källèen, G./J. Steinberger: Elementarteilchenphysik. 687 S. mit Abb. 1974. (Wv)

Kanitscheider, B.: Vom absoluten Raum zur dynamischen Geometrie. Etwa 112 S. 1976. (Wv)

Kertz, W.: Einführung in die Geophysik.
Band I: Erdkörper. 232 S. mit Abb. 1969. (Bd. 275)
Band II: Obere Atmosphäre und Magnetosphäre. 210 S. mit Abb. 1971. (Bd. 535)

Kippenhahn, R./C. Möllenhoff: Elementare Plasmaphysik. 297 S. mit Abb. 1975. (Wv)

Libby, W. F./F. Johnson: Altersbestimmung mit der C^{14}-Methode. 205 S. mit Abb. 1969. (Bd. 403)

Lipkin, H. J.: Anwendung von Lieschen Gruppen in der Physik. 177 S. mit Abb. 1967. (Bd. 163)

Luchner, K.: Aufgaben und Lösungen zur Experimentalphysik.
Band I: Mechanik, geometrische Optik, Wärme. 158 S. mit Abb. 1967. (Bd. 155)
Band II: Elektromagnetische Vorgänge. 150 S. mit Abb. 1966. (Bd. 156)
Band III: Grundlagen zur Atomphysik. 125 S. mit Abb. 1973. (Bd. 157)

Lüscher, E.: Experimentalphysik.
Band I: Mechanik, geometrische Optik, Wärme.
1. Teil: 260 S. mit Abb. 1967. (Bd. 111)
Band I/2. Teil: 215 S. mit Abb. 1967. (Bd. 114)
Band II: Elektromagnetische Vorgänge. 336 S. mit Abb. 1966. (Bd. 115)
Band III: Grundlagen zur Atomphysik.
1. Teil: 177 S. mit Abb. 1970. (Bd. 116)
Band III/2. Teil: 160 S. mit Abb. 1970. (Bd. 117)

Mittelstaedt, P.: Philosophische Probleme der modernen Physik. 215 S. mit 12 Abb. 1972. (Bd. 50)

Mitter, H.: Quantentheorie. 316 S. mit Abb. 1969. (Bd. 701)

Möller, F.: Einführung in die Meteorologie.
Band I: 222 S. mit Abb. 1973. (Bd. 276)
Band II: 223 S. mit Abb. 1973. (Bd. 288)

Neff, H.: Physikalische Meßtechnik. 160 S. mit Abb. 1976. (Bd. 66)

Neuert, H.: Experimentalphysik für Mediziner, Zahnmediziner, Pharmazeuten und Biologen. 292 S. mit Abb. 1969. (Bd. 712)

Rollnik, H.: Teilchenphysik.
Band I: Grundlegende Eigenschaften von Elementarteilchen. 188 S. mit Abb. 1971. (Bd. 706)
Band II: Innere Symmetrien der Elementarteilchen. 158 S. mit Abb. z. T. farbig. 1971. (Bd. 759)

Rose, M. E.: Relativistische Elektronentheorie.
Band I: 193 S. mit Abb. 1971. (Bd. 422)
Band II: 171 S. mit Abb. 1971. (Bd. 554)

Scherrer, P./P. Stoll: Physikalische Übungsaufgaben.
Band I: Mechanik und Akustik. 96 S. mit 44 Abb. 1962. (Bd. 32)
Band II: Optik, Thermodynamik, Elektrostatik. 103 S. mit Abb. 1963. (Bd. 33)
Band III: Elektrizitätslehre, Atomphysik. 103 S. mit Abb. 1964. (Bd. 34)

Schulten, R./W. Güth: Reaktorphysik.
Band II: 164 S. mit Abb. 1962. (Bd. 11)

Schultz-Grunow, F. (Hrsg.): Elektro- und Magnetohydrodynamik. 308 S. mit Abb. 1968. (Bd. 811)

Schwartz, L.: Mathematische Methoden der Physik.
Band I: 184 S. 1974. (Wv)

Seiler, H.: Abbildungen von Oberflächen mit Elektronen, Ionen und Röntgenstrahlen. 131 S. mit Abb. 1968. (Bd. 428)

Sexl, R. U./H. K. Urbantke: Gravitationstheorie: 335 S. mit Abb. 1975. (Wv)

Streater, R. F./A. S. Wightman: Die Prinzipien der Quantenfeldtheorie. 235 S. mit Abb. 1969. (Bd. 435)

Süßmann, G.: Einführung in die Quantenmechanik.
Band I: 205 S. mit Abb. 1963. (Bd. 9)

Teichmann, H.: Einführung in die Atomphysik. 135 S. mit 47 Abb. 1966. (Bd. 12)

Teichmann, H.: Halbleiter. 156 S. mit Abb. 1969. (Bd. 21)

Wagner, C.: Methoden der naturwissenschaftlichen und technischen Forschung. 219 S. mit Abb. 1974. (Wv)

Wegener, H.: Der Mößbauer-Effekt und seine Anwendung in Physik und Chemie. 226 S. mit Abb. 1965. (Bd. 2)

Wehefritz, V.: Physikalische Fachliteratur. 171 S. 1969. (Bd. 440)

Weizel, W.: Einführung in die Physik.
Band I: Mechanik und Wärme. 174 S. mit Abb. 1963. (Bd. 3)
Band II: Elektrizität und Magnetismus. 180 S. mit Abb. 1963. (Bd. 4)
Band III: Optik und Atomphysik. 194 S. mit Abb. 1963. (Bd. 5)

Weizel, W.: Physikalische Formelsammlung.
Band II: Optik, Thermodynamik, Relativitätstheorie. 148 S. 1964. (Bd. 36)
Band III: Quantentheorie. 196 S. 1966. (Bd. 37)

Zimmermann, P.: Eine Einführung in die Theorie der Atomspektren. 91 S. mit Abb. 1976. (Wv)

Astronomie

Becker, F.: Geschichte der Astronomie. 201 S. mit Abb. 1968. (Bd. 298)

Bohrmann, A.: Bahnen künstlicher Satelliten. 163 S. mit Abb. 1966. (Bd. 40)

Giese, R.-H.: Erde, Mond und benachbarte Planeten. 250 S. mit Abb. 1969. (Bd. 705)

Schaifers, K.: Atlas zur Himmelskunde. 1969. (Bd. 308)

Scheffler, H./H. Elsässer: Physik der Sterne und der Sonne. 535 S. mit Abb. 1974. (Wv)

Schurig, R./P. Götz/K. Schaifers: Himmelsatlas (Tabulae caelestes). 8. Aufl. 1960. (Wv)

Voigt, H. H.: Abriß der Astronomie. 556 S. mit Abb. 1975. (Wv)

Philosophie

Glaser, I.: Sprachkritische Untersuchungen zum Strafrecht am Beispiel der Zurechnungsfähigkeit. 131 S. 1970. (Bd. 516)

Kamlah, W.: Philosophische Anthropologie. Sprachkritische Grundlegung und Ethik. 192 S. 1973. (Bd. 238)

Kamlah, W.: Utopie, Eschatologie, Geschichtsteleologie. 106 S. 1969. (Bd. 461)

Kamlah, W.: Von der Sprache zur Vernunft. Philosophie und Wissenschaft in der neuzeitlichen Profanität. 230 S. 1975. (Wv)

Kamlah, W./P. Lorenzen: Logische Propädeutik. Vorschule des vernünftigen Redens. 239 S. 1973. (Bd. 227)

Kanitscheider, B.: Vom absoluten Raum zur dynamischen Geometrie. Etwa 112 S. 1976. (Wv)

Leinfellner, W.: Einführung in die Erkenntnis- und Wissenschaftstheorie. 226 S. 1967. (Bd. 41)

Lorenzen, P.: Normative Logic and Ethics. 89 S. 1969. (Bd. 236)

Lorenzen, P./O. Schwemmer: Konstruktive Logik, Ethik und Wissenschaftstheorie. 256 S. mit Abb. 1975. (Bd. 700)

Mittelstaedt, P.: Philosophische Probleme der modernen Physik. 215 S. mit Abb. 1972. (Bd. 50)

Mittelstaedt, P.: Die Sprache der Physik. 139 S. 1972. (Wv)

Chemie

Cordes, J. F. (Hrsg.): Chemie und ihre Grenzgebiete. 199 S. mit Abb. 1970. (Bd. 715)

Freise, V.: Chemische Thermodynamik. 288 S. mit Abb. 1972. (Bd. 213)

Grimmer, G.: Biochemie. 376 S. mit Abb. 1969. (Bd. 187)

Kaiser, R.: Chromatographie in der Gasphase.
Band I: Gas-Chromatographie. 220 S. mit Abb. 1973. (Bd. 22)
Band II: Kapillar-Chromatographie. 346 S. mit Abb. 1975. (Bd. 23)
Band III: Tabellen.
1. Teil: 181 S. mit Abb. 1969. (Bd. 24)
Band III/2. Teil: 165 S. mit Abb. 1969. (Bd. 468)
Band IV: Quantitative Auswertung.
1. Teil: 185 S. mit Abb. 1969. (Bd. 92)
Band IV/2. Teil: 118 S. mit Abb. 1969 (Bd. 472)

Laidler, K. J.: Reaktionskinetik.
Band I: Homogene Gasreaktionen. 216 S. mit Abb. 1970. (Bd. 290)
Band II: Reaktionen in Lösung. 169 S. 1973. (Bd. 291)

Murrell, J. N.: Elektronenspektren organischer Moleküle. 359 S. mit Abb. 1967. (Bd. 250)

Preuß, H.: Quantentheoretische Chemie.
Band I: Die halbempirischen Regeln. 94 S. mit Abb. 1963. (Bd. 43)
Band II: Der Übergang zur Wellenmechanik, die allgemeinen Rechenverfahren. 238 S. mit Abb. 1965. (Bd. 44)
Band III: Wellenmechanische und methodische Ausgangspunkte. 222 S. mit Abb. 1967. (Bd. 45)

Riedel, L.: Physikalische Chemie. Eine Einführung für Ingenieure. 406 S. mit Abb. 1974. (Wv)

Schmidt, M.: Anorganische Chemie. Band I: Hauptgruppenelemente. 301 S. mit Abb. 1967. (Bd. 86)
Band II: Übergangsmetalle. 221 S. mit Abb. 1969. (Bd. 150)

Schneider, G.: Pharmazeutische Biologie. Pharmakognosie. 333 S. 1975. (Wv)

Staude, H.: Photochemie. 159 S. mit 40 Abb. 1966. (Bd. 27)

Steward, F. C./A. D. Krikorian/ K.-H. Neumann: Pflanzenleben. 268 S. mit Abb. 1969. (Bd. 145)

Wagner, C.: Methoden der naturwissenschaftlichen und technischen Forschung. 219 S. mit Abb. 1974. (Wv)

Wilk, M.: Organische Chemie. 372 S. mit Abb. 1970. (Bd. 71)

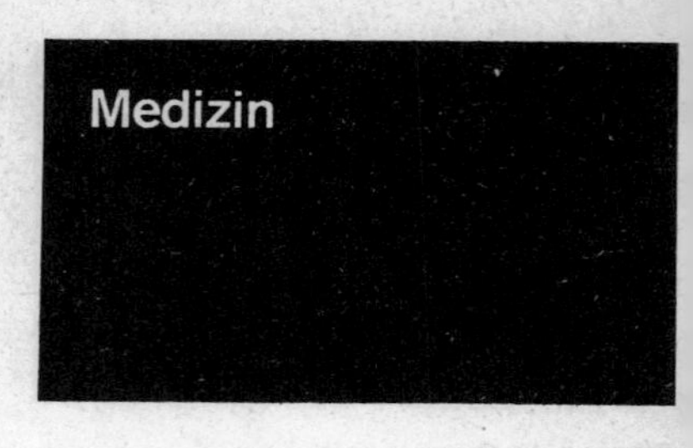

Forth, W./D. Henschler/W. Rummel (Hrsg.): Allgemeine und spezielle Pharmakologie und Toxikologie. Für Studenten der Medizin, Pharmazie, Chemie, Biologie sowie für Ärzte und Apotheker. 606 S. Über 400 meist zweifarbige Abb., sowie ca. 280 Tabellen. Format 19x27 cm. 1975. (Wv)

Das Standardwerk für den Bereich der Pharmakologie und Toxikologie. Lehrbuchmäßige Darstellung des gesamten Stoffes für Studenten der Medizin, Pharmazie, Chemie, Biologie. Geeignet zum Selbststudium, zur Vorbereitung auf Seminare, als Repetitorium – vor allem aber auch als umfassendes Handbuch und Nachschlagewerk für den praktisch tätigen Arzt, den Apotheker und für Wissenschaftler verwandter Gebiete.

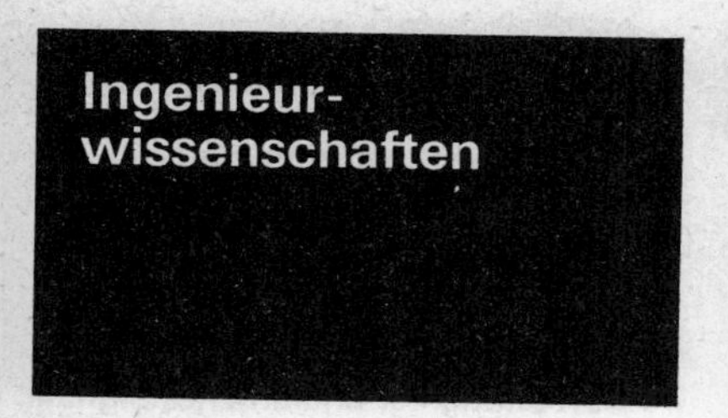

Ingenieur-wissenschaften

Beneking, H.: Praxis des Elektronischen Rauschens. 255 S. mit Abb. 1971. (Bd. 734)

Billet, R.: Grundlagen der thermischen Flüssigkeitszerlegung. 150 S. mit Abb. 1962. (Bd. 29)

Billet, R.: Optimierung in der Rektifiziertechnik unter besonderer Berücksichtigung der Vakuumrektifikation. 129 S. mit Abb. 1967. (Bd. 261)

Billet, R.: Trennkolonnen für die Verfahrenstechnik. 151 S. mit Abb. 1971. (Bd. 548)

Böhm, H.: Einführung in die Metallkunde. 236 S. mit Abb. 1968. (Bd. 196)

Bosse, G.: Grundlagen der Elektrotechnik.
Band I: Das elektrostatische Feld und der Gleichstrom. Unter Mitarbeit von W. Mecklenbräuker. 141 S. mit Abb. 1966. (Bd. 182)
Band II: Das magnetische Feld und die elektromagnetische Induktion. Unter Mitarbeit von G. Wiesemann. 153 S. mit Abb. 1967. (Bd. 183)
Band III: Wechselstromlehre, Vierpol- und Leitungstheorie. Unter Mitarbeit von A. Glaab. 136 S. 1969. (Bd. 184)
Band IV: Drehstrom, Ausgleichsvorgänge in linearen Netzen. Unter Mitarbeit von J. Hagenauer. 164 S. mit Abb. 1973. (Bd. 185)

Denzel, P.: Dampf- und Wasserkraftwerke. 231 S. mit Abb. 1968. (Bd. 300)

Feldtkeller, E.: Dielektrische und magnetische Materialeigenschaften.
Band I: 242 S. mit Abb. 1973. (Bd. 485)
Band II: 188 S. mit Abb. 1974. (Bd. 488)

Glaab, A./J. Hagenauer: Übungen in Grundlagen der Elektrotechnik III, IV. 228 S. mit Abb. 1973. (Bd. 780)

Großkopf, J.: Wellenausbreitung.
Band I: Grundbegriffe, die bodennahe und troposphärische Ausbreitung. 215 S. mit Abb. 1970. (Bd. 141)

Heilmann, A.: Antennen.
Band I: Einführung, lineare Strahler, Kenngrößen von Antennen. 164 S. mit Abb. 1970. (Bd. 140)
Band II: Strahlergruppen, strahlende Flächen, Strahlungskopplung. 219 S. mit Abb. 1970. (Bd. 534)
Band III: Spezielle (u. a. Linsen-, Spiegel-, Schlitz-)Antennen. 184 S. mit Abb. 1970. (Bd. 540)

Jordan-Engeln, G./F. Reutter: Numerische Mathematik für Ingenieure. XIII, 352 S. mit Abb. 1973. (Bd. 104)

Klein, W.: Vierpoltheorie. 159 S. mit Abb. 1972. (Wv)

Klingbeil, E.: Tensorrechnung für Ingenieure. 197 S. mit Abb. 1966. (Bd. 197)

MacFarlane, A. G. J.: Analyse technischer Systeme. 312 S. mit Abb. 1967. (Bd. 81)

Mahrenholtz, O.: Analogrechnen in Maschinenbau und Mechanik. 208 S. mit Abb. 1968. (Bd. 154)

Marguerre, K./H.-T. Woernle: Elastische Platten. 242 S. mit 125 Abb. 1975. (Wv)

Mesch, F. (Hrsg.): Meßtechnisches Praktikum. 224 S. mit Abb. 1970. (Bd. 736)

Pestel, E.: Technische Mechanik.
Band I: Statik. 284 S. mit Abb. 1969. (Bd. 205)
Band II: Kinematik und Kinetik.
1. Teil: 196 S. mit Abb. 1969. (Bd. 206)
Band II/2. Teil: 204 S. mit Abb. 1971. (Bd. 207)

Piefke, G.: Feldtheorie.
Band I: 265 S. mit Abb. 1971. (Bd. 771)
Band II: 231 S. mit Abb. 1973. (Bd. 773)

Prassler, H.: Energiewandler der Starkstromtechnik.
Band I: 178 S. mit Abb. 1969. (Bd. 199)

Rößger, E./K.-B. Hünermann: Einführung in die Luftverkehrspolitik. 165, LIV S. mit Abb. 1969. (Bd. 824)

Sagirow, P.: Satellitendynamik. 191 S. 1970. (Bd. 719)

Schrader, K.-H.: Die Deformationsmethode als Grundlage einer problemorientierten Sprache. 137 S. mit Abb. 1969. (Bd. 830)

Stüwe, H. P.: Einführung in die Werkstoffkunde. 192 S. mit Abb. 1969. (Bd. 467)

Stüwe, H. P./G. Vibrans: Feinstrukturuntersuchungen in der Werkstoffkunde. 138 S. mit Abb. 1974. (Wv)

Waller, H./W. Krings: Matrizenmethoden in der Maschinen- und Bauwerksdynamik. 377 S. mit 159 Abb. 1975. (Wv)

Wasserrab, Th.: Gaselektronik.
Band I: Atomtheorie. 223 S. mit Abb. 1971. (Bd. 742)
Band II: Niederdruckentladungen, Technik der Gasentladungsventile. 230 S. mit Abb. 1972. (Bd. 769)

Wiesemann, G.: Übungen in Grundlagen der Elektrotechnik II. Etwa 200 S. mit Abb. 1976. (Bd. 779)

Wiesemann, G./ W. Mecklenbräuker: Übungen in Grundlagen der Elektrotechnik I. 179 S. mit Abb. 1973. (Bd. 778)

Wolff, I.: Grundlagen und Anwendungen der Maxwellschen Theorie.
Band I: Mathematische Grundlagen, die Maxwellschen Gleichungen, Elektrostatik. 326 S. mit Abb. 1968. (Bd. 818)
Band II: Strömungsfelder, Magnetfelder, quasistationäre Felder, Wellen. 263 S. mit Abb. 1970. (Bd. 731)

Zimmermann, G./P. Marwedel: Elektrotechnische Grundlagen der Informatik I. Elektrostatik, Oszillograph, Logikschaltungen, Digitalspeicher. 204 S. 1974. (Bd. 789)

Zimmermann, G./J. Höffner: Elektrotechnische Grundlagen der Informatik II. Wechselstromlehre, Leitungen, analoge u. digitale Verarbeitung kontinuierlicher Signale. 196 S. 1974. (Bd. 790)

Literatur und Sprache

Kraft, H. (Hrsg.): Andreas Streichers Schiller-Biographie. 459 S. mit Abb. 1974. (Wv)

Storz, G.: Klassik und Romantik. 247 S. 1972. (Wv)

Trojan, F./H. Schendl: Biophonetik. 264 S. 1975. (Wv)

Geographie – Geologie – Völkerkunde

Ganssen, R.: Grundsätze der Bodenbildung. 135 S. mit Zeichnungen und einer mehrfarbigen Tafel. 1965. (Bd. 327)

Gierloff-Emden, H.-G./ H. Schroeder-Lanz: Luftbildauswertung.
Band I: Grundlagen. 154 S. mit Abb. 1970. (Bd. 358)
Band II: Optische Begriffe. 157 S. mit Abb. 1970. (Bd. 367)

Henningsen, D.: Paläogeographische Ausdeutung vorzeitlicher Ablagerungen. 170 S. mit Abb. 1969. (Bd. 839)

Kertz, W.: Einführung in die Geophysik.
Band I: Erdkörper. 232 S. mit Abb. 1969. (Bd. 275)
Band II: Obere Atmosphäre und Magnetosphäre. 210 S. mit Abb. 1971. (Bd. 535)

Lindig, W.: Vorgeschichte Nordamerikas. 399 S. mit Abb. 1973. (Wv)

Möller, F.: Einführung in die Meteorologie.
Band I: Meteorologische Elementarphänomene. 222 S. mit Abb. und 6 Farbtafeln. 1973. (Bd. 276)
Band II: Komplexe meteorologische Phänomene. 223 S. mit Abb. 1973. (Bd. 288)

Schaarschmidt, F.: Paläobotanik.
Band I: 121 S. mit Abb. und Farbtafeln. 1968. (Bd. 357)
Band II: 102 S. mit Abb. und Farbtafeln. 1968. (Bd. 359)

Schmithüsen, J.: Geschichte der Geographischen Wissenschaft von den ersten Anfängen bis zum Ende des 18. Jahrhunderts. 190 S. 1970. (Bd. 363)

Schwidetzky, I.: Grundlagen der Rassensystematik. 180 S. mit Abb. 1974. (Wv)

Wunderlich, H.-G.: Bau der Erde. Geologie der Kontinente und Meere.
Band I: Afrika, Amerika, Europa. 151 S., Tabellen und farbige Abb. 1973. (Wv)
Band II: Asien, Australien, Geologie der Ozeane. 164 S., Tabellen und 16 S. farbige Abb. 1975. (Wv)

Wunderlich, H.-G.: Einführung in die Geologie.
Band I: Exogene Dynamik. 214 S. mit Abb. und farbigen Bildern. 1968. (Bd. 340)
Band II: Endogene Dynamik. 231 S. mit Abb. und farbigen Bildern. 1968. (Bd. 341)

B. I.-Hochschulatlanten

Dietrich, G./J. Ulrich (Hrsg.): Atlas zur Ozeanographie. 1968. (Bd. 307)

Ganssen, R./F. Hädrich (Hrsg.): Atlas zur Bodenkunde. 1965. (Bd. 301)

Schaifers, K. (Hrsg.): Atlas zur Himmelskunde. 1969. (Bd. 308)

Schmithüsen, J. (Hrsg.): Atlas zur Biogeographie. 1976. (Bd. 303)

Wagner, K. (Hrsg.): Atlas zur Physischen Geographie (Orographie). 1971. (Bd. 304)

Reihe: Methoden und Verfahren der mathematischen Physik

Herausgegeben von Prof. Dr. Bruno Brosowski, Universität Göttingen, und Prof. Dr. Erich Martensen, Universität Karlsruhe.

Diese Reihe bringt Originalarbeiten aus dem Gebiet der angewandten Mathematik und der mathematischen Physik für Mathematiker, Physiker und Ingenieure.

Band 1: 183 S. mit Abb. 1969. (Bd. 720)
Band 2: 179 S. mit Abb. 1970. (Bd. 721)
Band 3: 176 S. mit Abb. 1970. (Bd. 722)
Band 4: 177 S. 1971. (Bd. 723)
Band 5: 199 S. 1971. (Bd. 724)
Band 6: 163 S. 1972. (Bd. 725)
Band 7: 176 S. 1972. (Bd. 726)
Band 8: 222 S. mit Abb. 1973. (Wv)
Band 9: 201 S. mit Abb. 1973. (Wv)
Band 10: 184 S. 1973. (Wv)
Band 11: 190 S. mit Abb. 1974. (Wv)
Band 12: 214 S. mit Abb. 1975. Mathematical Geodesy, Part 1. (Wv)
Band 13: 206 S. mit Abb. 1975. Mathematical Geodesy, Part 2. (Wv)
Band 14: 176 S. mit Abb. 1975. Mathematical Geodesy, Part 3. (Wv)
Band 15: 165 S. 1976. (Wv)
Band 16: 180 S. 1976. (Wv)

Reihe: Jahrbuch Überblicke Mathematik

Herausgegeben von Prof. Dr. Benno Fuchssteiner, Gesamthochschule Paderborn, Prof. Dr. Ulrich Kulisch, Universität Karlsruhe, Prof. Dr. Detlef Laugwitz, Techn. Hochschule Darmstadt, Prof. Dr. Roman Liedl, Universität Innsbruck.

Das Jahrbuch Überblicke Mathematik bringt Informationen über die aktuellen wissenschaftlichen, wissenschaftsgeschichtlichen und didaktischen Fragen der Mathematik. Es wendet sich an Mathematiker, die nach abgeschlossenem Studium in der Forschung, in der Lehre des Sekundar- und Tertiärbereiches und in der Industrie tätig sind und die den Kontakt zur neueren Entwicklung halten wollen.

Jahrbuch Überblicke Mathematik 1975. 181 S. mit Abb. 1975. (Wv)

Jahrbuch Überblicke Mathematik 1976. Etwa 200 S. mit Abb. 1976. (Wv)

Reihe: Überblicke Mathematik

Herausgegeben von Prof. Dr. Detlef Laugwitz, Techn. Hochschule Darmstadt.

Diese Reihe bringt kurze und klare Übersichten über neuere Entwicklungen der Mathematik und ihrer Randgebiete für Nicht-Spezialisten; seit 1975 erscheint an Stelle dieser Reihe das neu konzipierte „Jahrbuch Überblicke Mathematik".

Band 1: 213 S. mit Abb. 1968. (Bd. 161)
Band 2: 210 S. mit Abb. 1969. (Bd. 232)
Band 3: 157 S. mit Abb. 1970. (Bd. 247)
Band 4: 123 S. 1972 (Wv)
Band 5: 186 S. 1972 (Wv)
Band 6: 242 S. mit Abb. 1973. (Wv)
Band 7: 265, II S. mit Abb. 1974. (Wv)

Reihe: Mathematik für Physiker

Herausgegeben von Prof. Dr. Detlef Laugwitz, Techn. Hochschule Darmstadt, Prof. Dr. Peter Mittelstaedt, Universität Köln, Prof. Dr. Horst Rollnik, Universität Bonn, Prof. Dr. Georg Süßmann, Universität München.

Diese Reihe ist in erster Linie für Leser bestimmt, denen die Beschäftigung mit der Mathematik nicht Selbstzweck ist. Besonderer Wert wird darauf gelegt, mit Beispielen und Motivationen den speziellen Anforderungen der Physiker zu genügen.

Band 1: Meschkowski, H., Zahlen. 174 S. mit Abb. 1970. (Wv)

Band 2: Meschkowski, H., Funktionen. 179 S. mit Abb. 1970. (Wv)

Band 3: Meschkowski, H., Elementare Wahrscheinlichkeitsrechnung und Statistik. 188 S. 1972. (Wv)

Band 4: Lingenberg, R., Einführung in die lineare Algebra. 235 S. 1975. (Wv)

Band 9: Fuchssteiner, B./ D. Laugwitz, Funktionalanalysis. 219 S. 1974. (Wv)

Reihe: Informatik

Herausgegeben von Prof. Dr. Karl Heinz Böhling, Universität Bonn, Prof. Dr. Ulrich Kulisch und Prof. Dr. Hermann Maurer, Universität Karlsruhe.

Diese Reihe enthält einführende Darstellungen zu verschiedenen Teildisziplinen der Informatik. Sie ist hervorgegangen aus der Zusammenlegung der Reihen „Skripten zur Informatik" (Hrsg. K. H. Böhling) und „Informatik" (Hrsg. U. Kulisch).

Band 1: Maurer, H., Theoretische Grundlagen der Programmiersprachen. Theorie der Syntax. 254 S. 1969. (Bd. 404)

Band 2: Heinhold, J./U. Kulisch, Analogrechnen. 242 S. mit Abb. 1969. (Bd. 168)

Band 4: Böhling, K. H./D. Schütt, Endliche Automaten.
Teil II: 104 S. 1970. (Bd. 704)

Band 5: Brauer, W./K. Indermark, Algorithmen, rekursive Funktionen und formale Sprachen. 115 S. 1968. (Bd. 817)

Band 6: Heyderhoff, P./Th. Hildebrand, Informationsstrukturen. Eine Einführung in die Informatik. 218 S. 1973. (Wv)

Band 7: Kameda, T./K. Weihrauch, Einführung in die Codierungstheorie.
Teil I: 218 S. 1973. (Wv)

Band 8: Reusch, B., Lineare Automaten. 149 S. mit Abb. 1969. (Bd. 708)

Band 9: Henrici, P., Elemente der numerischen Analysis.
Teil I: Auflösung von Gleichungen. 227 S. 1972. (Bd. 551)
Teil II: Interpolation und Approximation, praktisches Rechnen. IX, 195 S. 1972. (Bd. 562)

Band 10: Böhling, K. H./G. Dittrich, Endliche stochastische Automaten. 138 S. 1972. (Bd. 766)

Band 11: Seegmüller, G., Einführung in die Systemprogrammierung. 480 S. mit Abb. 1974. (Wv)

Band 12: Alefeld, G./J. Herzberger, Einführung in die Intervallrechnung. XIII, 398 S. mit Abb. 1974. (Wv)

Band 14: Böhling, K. H./B. v. Braunmühl, Komplexität bei Turingmaschinen. 324 S. mit Abb. 1974. (Wv)

Band 15: Peters, F. E., Einführung in mathematische Methoden der Informatik. 348 S. 1974. (Wv)

Band 16: Wedekind, H., Datenbanksysteme I. 227 S. mit Abb. 1975. (Wv)

Band 17: Holler, E./O. Drobnik, Rechnernetze. 195 S. mit Abb. 1975.

Band 18: Wedekind, H./T. Härder, Datenbanksysteme II: Etwa 430 S. 1976. (Wv)

Band 20: Zima, H., Betriebssysteme: Parallele Prozesse. 325 S. 1976. (Wv)

Reihe: Mathematik für Wirtschaftswissenschaftler

Herausgegeben von Prof. Dr. Martin Rutsch, Universität Karlsruhe.

Diese im Aufbau befindliche Reihe bringt Einführungen, die nach Konzeption, Themenauswahl, Darstellungsweise und Wahl der Beispiele auf die Bedürfnisse von Studenten der Wirtschaftswissenschaften zugeschnitten sind.

Band 1: Rutsch, M., Wahrscheinlichkeit.
Teil I: 350 S. mit Abb. 1974. (Wv)

Band 2: Rutsch, M./K.-H. Schriever, Wahrscheinlichkeit. Teil II. Etwa 380 S. mit Abb. 1976. (Wv)

Band 3: Rutsch, M./K.-H. Schriever, Aufgaben zur Wahrscheinlichkeit. 267 S. mit Abb. 1974. (Wv)

Reihe: Theoretische und experimentelle Methoden der Regelungstechnik

Herausgegeben von Gerhard Preßler, Hartmann & Braun, Frankfurt.

Die Reihe wendet sich an Studenten und praktizierende Ingenieure, die mit der Entwicklung in diesem Gebiet der technischen Wissenschaften Schritt halten wollen.

Isermann, R.: Experimentelle Analyse der Dynamik von Regelsystemen (Identifikation I). 276 S. mit Abb. 1971. (Bd. 515)

Isermann, R.: Theoretische Analyse der Dynamik industrieller Prozesse (Identifikation II).
Teil I: 122 S. mit Abb. 1971. (Bd. 764)

Klefenz, G.: Die Regelung von Dampfkraftwerken. 229 S. mit Abb. 1975. (Wv)

Preßler, G.: Regelungstechnik. 348 S. mit Abb. 1967. (Bd. 63)

Schlitt, H./F. Dittrich: Statistische Methoden der Regelungstechnik. 169 S. 1972. (Bd. 526)

Schwarz, H.: Frequenzgang- und Wurzelortskurvenverfahren. 164 S. mit Abb. Verb. Nachdruck 1976. (Wv)

Schwarz, H.: Optimale Regelung linearer Systeme. Etwa 224 S. mit Abb. 1976. (Wv)

Starkermann, R.: Die harmonische Linearisierung.
Band I: 201 S. mit Abb. 1970. (Bd. 469)
Band II: 83 S. mit Abb. 1970. (Bd. 470)

Starkermann, R.: Mehrgrößen-Regelsysteme.
Band I: 173 S. mit Abb. 1974. (Wv)